Chromium

크롬

크롬

초판인쇄 2018년 5월 11일
초판발행 2018년 5월 11일

지은이 이정수
펴낸이 채종준
기 획 양동훈
디자인 홍은표
마케팅 송대호

펴낸곳 한국학술정보(주)
주 소 경기도 파주시 회동길 230(문발동)
전 화 031-908-3181(대표)
팩 스 031-908-3189
홈페이지 http://ebook.kstudy.com
E-mail 출판사업부 publish@kstudy.com
등 록 제일산-115호(2000. 6. 19)

ISBN 978-89-268-8418-8 93570

Chromium

Occurrence · World Chromite Reserve · Classification for Uses · Environment

크롬

이정수 지음

이담
Books

서문

우리나라의 국토는 거의 70%가 산으로 형성된 노년기 지층으로, 각종 광물의 표본실이라고 불릴 정도로 경제성을 떠나서, 총 매장량이 200억 톤 가량 풍부하게 부존되어 있다고 배웠다. 그 많은 광물 중에 유독(惟獨) 크롬광만이 국내에는 없어 외국에 의존할 수밖에 없는 상황을 1982년 우연히 타향에서 깨닫게 되었다. 고국에서 보고 배운 경험을 바탕으로 남양(南洋)의 밀림을 헤치고 크롬광을 찾아서, 대한민국 정부의 해외지하자원 개발 지원으로 몸소 개발·생산하여, 국내는 물론 동남아 등지에 30여 년간 크롬 정광을 공급하면서 체험한 세계 지하자원의 현실은 많은 경쟁으로 인해 늘 어려움이 따른다.

고도의 산업 성장을 위하여 많은 원료 광물이 점차 필요한 때에, 원료 소재의 수급이 필연적인 과제임을 인식하고, 우선 취급해온 크롬광이나마 올바른 이해를 돕고자 함이며, 다른 광종의 개발에도 다소 본보기가 되었으면 하는 열망으로 펜을 들었다.

세상에는 어디든지 지하에 광물이 많다. 제2의 글로벌 시대를 맞이하여, 여행 또는 생업으로 다시 세계에 도전하는 때에, 높은 하늘보다는 끝이 있는 땅속이나 해저에 관심을 가졌으면 하는 바람이다.

국내에서는 석회석광을 제외하고는, 전량을 해외에 의존하는 수입국의 입장이며, 광물의 수요에 있어서 필수적인 지식의 실례는 다음과 같다.

① 광석은 어떤 상태로 산출하는가?
② 외국의 생산지가 어디이며, 어떤 형태로 매장되어 있는가?
③ 수요 각국이 어떤 품질 요건의 광석을 희망하고 있는가?
④ 천차만별인 광석을 어떻게 처리·가공하여 유용 광물로 만드는가?
⑤ 어떤 용도로 사용하는가?

위의 사항을 정확히 파악하여, 장차 많은 광종에도 적용될 수 있도록 크롬광에 대한 기본지식과 포괄적인 특성을 세밀히 기술하고, 실질적인 상품으로서 국내외에 유통되는 품위를 구체적으로 나열하여, 누구나 기회를 만들어 개발해야 할 여러 광물의 활용 방안을 제시함으로써, 관련 학문에 매진하는 전공자는 물론 실무자와 해외에서 꿈을 찾는 탐험가들에게 실용적인 자료가 해외자원 개발이나 수급의 발전에 조금이나마 보탬이 되었으면 한다.

그러나, 필자는 오랜 외국 생활에서 실무와 경영에 몰입하느라 저술에는 둔재로, 서툰 문장이나 미숙한 설명, 미흡한 전문 표현에 양해를 구한다.

끝으로, 저술의 동기를 부여한 한국광물자원공사 선배 광업인 박동원 처장과 포항에 은인들, 그리고 이 책의 출판을 기획하고 출간을 도와준 한국학술정보(주) 관계자와 국내외 여러 참고서적의 저자들에게도 감사를 표하는 바이다.

이정수

참고서적

《An Introduction to Ceramics & Refractories》, A.O. SURENDRANATHAN.

《Metal and Minerals Annual Review(1986, UK)》, TIM POWER.

《Mine Plant Design》, W. W. STALEY.

《Technical Handbook of Stainless Steel》, ATLAS STEELS.

《The Chemistry of Food》, JAN VELiŠEK(Czech).

《The Formation of Mineral deposits》, ALAN M. BATEMAN.

《The Inorganic compound industry》, ALANI G. SMITHE.

《工業原料鑛物 選鑛便覽》, とみたけんじ(-田堅二).

《資源處理》, 장광택.

《無機工業 藥品》, 越智主一郎.

《無機藥品新金屬セラミックス》, 松井元太郎.

《無機材料原料工學》, 이종근.

해외광산 답사

1991년 8월	필리핀 Coto 크롬광산
1993년 10월	중국 요녕성 요양시 Dead Burn 및 크롬 내화물 공장
1996년 3월	중동 오만 국영크롬광산
1997년 4월	인도 서부 Bangal 크롬광산
1997년 4월	파키스탄 Karachi 크롬 종합 선광장
1999년 4월	베트남 중동부 Thanhoa 크롬 사 광산
2002년 5월	파푸아뉴기니 남부 Daho 크롬충적사 광산
2003년 3월	미국 캘리포니아 산타크루즈 크롬 내화물 공장
2013년 10월	인도네시아 수마트라 충적사크롬 및 노천탄광

목차

3 세계 크롬광 부존자원(World chromite reserve)

4 크롬광 분류(Classification for Uses)

5 환경(Environment)

부록

Prologue

광물의 종류는 수천 개로 매우 다양하다. 그중 약 400종류만이 지구 표면에 얇게 고화된 껍데기로 둘러싸여 있는 지각(地殼)에서 1개 또는 그 이상의 여러 원소로 구성된 광석으로 발견된다. 그중에 크롬은 지각에서의 존재(Clarke Number) 비율이 0.03%이며 수량은 200ppm으로 13번째로 많은 원소이다. 또한, 지구 상에 존재하는 희소 금속 30종류 중에 크롬은 국제적으로 비축(備縮) 희소 금속 9종류(Chromium, Molybdenum, Cobalt, Vanadium, Manganese, Nickel, Gallium, Tungsten, Indium)로 지정된 원소광물이다.

고대부터 사용된 철, 구리, 금과는 다르게 세월이 많이 지난 중세기에 시베리아 지역에서 영롱한 홍갈색(Brownish Red)의 홍연석(紅鉛石)에 함유된 크롬이 발견되었다. 그것을 시작으로 미국 동부 어느 광활한 농장에서 사방에 흩어져 있는 전석(轉石)에서 크롬광석이 발견되어, 물감(Chrome Ochre)의 원료로 거의 100년 동안 전 세계로 유통되었다.

또한, 지금으로부터 50여 년 전에 북유럽 아마추어 다이버가 해저에서 광석을 발견하였는데, 이를 계기로 크롬광 생산은 물론 현재 핀란드의 활발한 크롬 야금 산업에 효시가 되었다.

애초에 크롬은 일반 산업에서 주목하는 원소는 아니었지만, 근대 과학의 발달로 크롬이 주기율표에서 6족에 속하는 고융점 금속으로 텅스텐, 몰리브덴과 같은 전이금속이다. 전기저항이 크고 용융점이 높아 자성이 약하므로 금속크롬은 주로 비철금속과의 합금에 중요하게 널리 사용할 뿐 아니라, 구조가 안정적이고 많은 치환이 가능한 고용체성이 좋아 내화물과 색조(色調)가 얻어졌다.

특별한 사용의 사항은 각설하고, 누구나 쉽게 이해할 수 있는 일상생활에 필요한 니크롬선(線)이 들어가 있는 모발건조기, 토스트기, 오븐 등에 합금속과 녹이 슬지 않고, 자연 소독이 잘 되는 주방용품 스테인리스강에는 크롬이 필수적인 광물이다. 또한, 항공기나 자동차 등을 도색할 때 사용하는 프라이머(Primer)와 가죽을 안정화시키고, 무두질하는 데는 크롬밖에 없다.

이처럼 일상생활 곳곳에서 사용되고 있음에도 우리는 현재 연간 60만 톤 이상을 광석, 반제품 스테인리스, 화합물 등의 형태로 전량 수입하고 있다.

이러한 중요성을 부각시키고자 먼저 크롬을 자원공학적 측면에서 고찰하여 성질에서부터, 학술적인 기원, 기술 이론적 산출의 여러 방법으로 실무에 접근하기 쉽게 응용 처리하는 최종 제품의 정확한 품위를 예시(例示)하여 기술(記述)하고자 한다.

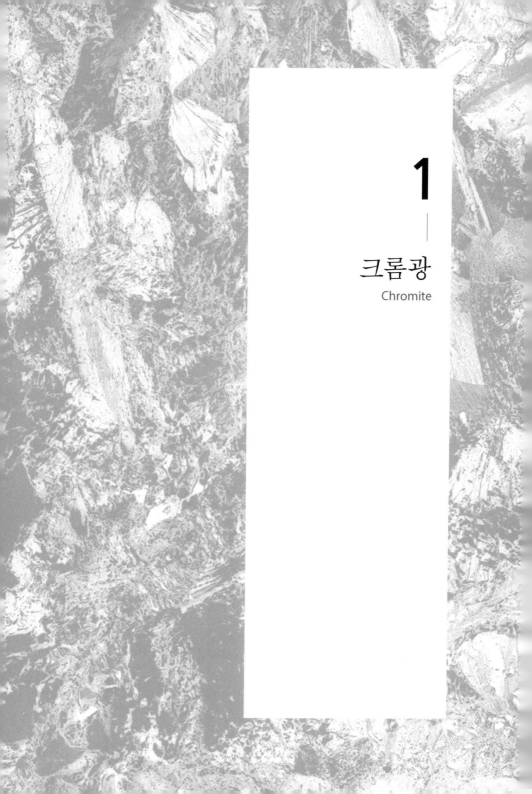

1

크롬광

Chromite

크롬원소(Chromium)의 천연광석(Ore)은 크롬광(Chromite, Chrome Ore)이다.

1.1 크롬의 역사(History)

1761년 7월, 러시아 우랄(Urals)산맥에 있는 베르죠브(Beryozovskdye) 광산에서 연(鉛)광맥의 산화대(帶)에서 볼 수 있는 사프론(Saffron) 색을 띠는 크로코이트(Crocoite, PbCr₂O₄)에 함유되어 있는 크롬을 광산기술자 조안 고트로브 리만(Johann Gottlob Lehmann)이 처음 발견하고 안료

(Pigment) 사용을 기초로 하여 그 지방에서 최초로 크롬광(Chrome Ore)을 개발 및 생산하였다.

1797년 프랑스 노르망디 출생 화학자 루이스 니콜라스 보켈링(Louis Nicolas Vauquelin)이 러시아 동쪽 시베리아에서 가져온 크로코이트(Red Lead, PbCr$_2$O$_4$) 크롬산 납에서 역사상 처음으로 크롬(Cr) 원소를 연구실에서 발견하고 화학주기율표(Periodic Table)에 등재되었으며, 원소가 혼합의 색을 띠기 때문에 그리스어로 '색깔'이라는 단어 크로마(χρῶμα, chróma)를 사용해 이름을 지었다.

크로코이트

세상에 알려진 염색 색소(Stain)원료 광석은 생산지가 시장에서 멀리 떨어져 있었기 때문에 가격이 비교적 비싸게 유통되었다.

1808년 미국 메릴랜드주 발티모어(Baltimor) 북쪽에 있는 이삭 타이슨(Isaac Tyson Jr.)의 농장에서 표석(漂石, Boulder Stone)인 크롬광석이 발견되었다. 1828년에서 19세기 초반까지는 세계에서 생산되는 크롬광의 거의 전부가 이 지역에 흩어져 있는 광상(鑛床)에서 산출 · 소비되었다.

그러나 생산지가 시장과 가까운 거리였기 때문에, 염료광석값이 저렴했다. 이는 급격한 소비의 증가로 이어져 쌍두마차, 4륜 마차, 대형 4륜 마차를 장식하는 노란색 페인트(Chrome Yellow) 제조에 널리 사용되었고, 거래가 활발하여 주요 색상으로 계획되었다.

미국에서는 시장에서 활발히 거래되는 상업적인 크롬광석의 생산뿐이지, 더 큰 경제적인 크롬광상(Chrome Ore Deposits)은 그 당시에 발견이 안되었다. 아이러니(Ironical)하게도 미국의 지질학자들이 아시아 어느 작은 나라에서 크롬광상을 발견했는데, 이것을 계기로 큰 관심이 퍼져나가, 1846년 터키(Turkey) 우르닥(Uludag)산맥에서 처음으로 대규모 광상이 발견되어 먼저 크롬광 생산자로 군림하게 되었다.

이 무렵 유럽에서는 1854년 독일 화학자 로버트 번센(Robert Bunsen)이 유통하는 크롬 염료(染料)를 전기분해하여 처음으로 소량의 크롬(Cr) 금속을 얻었다. 한편, 1892년 프랑스 학자 앙리 무아상(Henry Moissan)이 직접 만든 전기로 내에서 산화크롬(Cr_2O_3)을 탄소로 환원하여 미량이나마 크롬금속을 얻는 데 성공하여 금속산업 발전의 발판을 마련하였다.

그리고 1899년에 독일 로버트 번센의 제자인 금속학자 한스 골드 슈미트(Hans Goldschmidt)가 아주 고온에서 테르미트(Thermit Aluminothermic Reaction) 반응법에 의한 매우 순수한 금속(Cr)을 얻는 데 성공하였다. 이것은 한 단계 높은 야금(冶金) 기술을 확보하는 계기가 되었다.

20세기 초반에 인도와 아프리카 짐바브웨에서 대량의 크롬광상이 발견되어 1920년도에는 남아프리카가 세계에서 제일 큰 크롬광 생산지가 되었고 더불어 세계도처에서 크롬광산 산업이 발달하였다.

1.2 특성(Properties)

〈표 1-1〉에 크롬의 특성을 자세히 분류하였다.

〈표 1-1〉 크롬의 특성

항목	설명
분자식(Molecular Formula)	Cr_2O_3
산화광물(Oxide Minerals)	FeO, MgO, Al_2O_3, SiO_2, CaO 함유
부류(Category)	첨정석 계열(Spinel Member) 첨정석 구조(Spinel Structural Group)
원소기호(Elements)	Cr
원자번호(Atomic No.)	24
원자량(Atomic Mass)	51.996
색깔(Colour)	철검정색
조흔(Streak)	흑갈색
접착력(Tenacity)	깨지기 쉬움
투명성(Diaphaneity)	불투명(opaque)
화학계열(Chemical Element)	전이금속
결정형(Crystal)	등축정계
경도(Moh's Scale)	5.5
비중(Specific Gravity)	5.0
용융점(Melting)	1,875°C
비등점(Boiling)	2,665°C
밀도(Density, 20°C 9/cc)	$7.19g/cm^3$
액상 밀도(Liquid at m.p)	$6.3g/cm^3$
비열(20°C cal/g/°C)	0.11
융해열(cal/g)	96
굴절률(Refractive)	n=2.08-2.16
광학(Optical)	등방성(Isotropic)
격자율(Lattice Constant)	0.28847[nm]
원자반경(Atomic Radius)	128pm
시몬포슨 번호(Poisson Number)	0.21
구조(Structure)	bcc(Body-Centered Cubic)
전기음성도(Electronegativity)	1.6
음속(Speed of Sound)	5940m/s(20°C)
전기저항(Electrical Resistivity)	125nΩ·m(20°C)
자성규칙(Magnetic Ordering)	AFM(rather: SDW)
열전도성(Thermal Conductivity)	93.7w/m.k(27°C)
전기전도율(Electrical Conductivity)	$7.9·10^6[1/(\Omega·m)]$(20°C)
전기저항(Specific Electrical Resistance)	$0.27[(\Omega·mm^2)/m]$(20°C)

전자배열(Electron Configuration)	[Ar]3d⁵4S¹
전자작용기능(Electron Work Function)	4.5[eV]
전자친화도(Electron Affinity)	$65.2KJ \cdot mol^{-1}$
열팽창(Thermal Expansion)	4.9μm(m+k)(25℃)
팽창계수(Coefficient of Expansion)	$6.2 \times 10^{-6} k^{-1}$
질양열용량(Molar Heat Capacity)	$23.35J/(mol \cdot K)$
절대열(Specific Heat)	0.4598kJ/kg, k(20℃)
증발열(Heat of Vaporization)	347kl/mol
증기압(Vapour Pressure)	1mmHg(1616℃)
자성허용도(Magnetic Susceptibility)	$+280.0 \cdot 10^{-6} cm^3/mol$ Volume 4.5×10^{-5}
절단계수(Shear Modulus)	115GPa
용적계수(Bulk Modulus)	160GPa
영계수(Young's Modulus)	279GPa
표면장력(Surface Tension)	1590±50mN/m

확대된 크롬광의 모습

크롬
Chromium

1.3 성질(Nature)

크롬은 강자성(强磁性)이며, 상온에서 매우 안정적이고 공기와 물에 침해되지 않는다. 강열(强熱) 하면 할로겐, 질소, 탄소 등과 직접 반응한다. 은백색 광택을 띠며 단단하면서도 잘 부서지는 금속이다. 크롬은 철, 알루미늄, 규소 등의 불순물도 함유되었으나, 순도는 95% 전후로 높다. 염산이나 황산과 만나면 수소를 발생하면서 녹지만, 진한 질산이나 왕수(王水) 등 산화력을 가지면서 녹지 않고, 또 이들 산에 담가둔 것은 표면에 부동태(Passive State)를 만들어 보통의 산에는 녹지 않는다.

화합물에는 2가(수용액은 청색), 3가(수용액은 녹색-보라색), 4가(수용액은 불안정), 5가(수용액은 불안정), 6가(수용액은 황색-오렌지색)가 있는데, 3가의 예를 들면, 크롬백반 $K_2SO_4 \ Cr_2(SO_4)_3$ 24H$_2$O과 6가($K_2Cr_2O_7$)의 화합물은 중요하다. 2가의 화합물은 강한 환원성을 가지며, 6가 화합물은 강한 산화성을 함유한다.

1.4 용도(Uses)

크롬 함유량이 50%~70%, 나머지는 철과 알루미늄, 규소, 마그네슘, 탄소를 함유한 산화광을 제련(Smelting), 야금(Metallurgical), 소성(Kiln Process)과 다른 화합물(Compound)로 환원하여, 대표적인 내식성이 뛰어난 녹이 슬지 않는 스테인리스강, 방위산업에 필수인 특수강, 전기저항이 크고 내식성이 강한 전열용 니크롬선(線), 알루미나 성분을 이용한 산업 내화물제조, 크롬화합물로 염료를 비롯하여 사카린, 의약, 아세틸렌 가스의 청정제(淸淨劑), 화약, 도금, 인쇄잉크, 안료 등에 이용된다. 또한 가죽을 무두질하는 데 필요한 산화제, 때로는 보석 연마제로도 사용한다.

선진 공업국가에서는 주물공장의 주물사(Foundry Sand)와 용광로 쇳물 배출구(Tap Hole)의 충전재(Filling Sand)로도 사용되는 등 우리 산업 다방면에 필요한 광석이다.

2

크롬광 생산

Occurrence

2.1 지질과 광상

1) 지질(Geology)

마그마(Magma)는 거의 모든 원소를 포함한 1,200°C의 성분이 다른 가스 또는 액상의 물질로서 서서히 냉각됨에 따라 용액이 동시에 함께 정출(Crystallization)될 때는 각 성분이 혼합되어서 나오는 것이 아니라 분리(Segregation)되어 맨 먼저 응결되는 광물이 크롬, 백금 등이다.

많은 원소들은 간단한 산화물 또는 다른 화합물을 만들게 되는데, 마그마의 90%에 달하는 규산과 금속 산화물은 휘발성이 없는 물질로서 여러 종류의 광물로 정출될 때, 비중에 따라 밑에 가라앉아 농집되는 마그마(Orthomagma) 고결 초기에 만들어진 크롬광은 규산염이 40% 미만의 초염기성(Ultra Mafic) 광물이다.

관입암에 둘러싸여 있는 암장 농집물(Magmatic Concentrations)의 광상(Ore Deposit)은 조기 생성 결정이 중력에 의한 침강으로 다른 광석보다 고온성 광물이므로 휘발성분이나 자성(磁性)인 철분이 약해 농집되는 상태가 교대되는 암석의 성질, 조건, 구조에 따라 분류되어 생성된 광체는 서로 연결이 잘된 뚜렷한 층상이나 불규칙하게 각각 떨어진 광체들은 주향이나 경사의 연장이 적은 이동으로 크고 아주 작은 광체들은 화성암 내에 국한되는 모암 중에 부존한다.

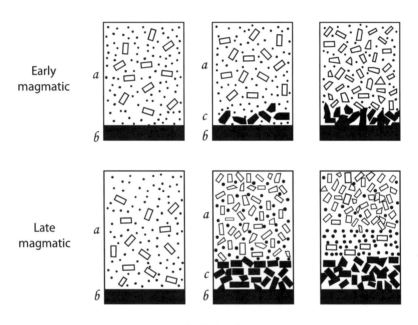

Early
magmatic

Late
magmatic

크롬 정출 침강 분화 도표

광물학적(Mineralogical) 형상의 규정에서 지각 규산염은 모두 4개의 산소로 나누어지는 정사면체의 연속적인 틀 구조에서 각섬석군(群, Amphilbole Group)의 Y로 분류되는 크롬(Cr)은 화학적으로 휘석군(Pyroxene Group)과 관계가 있으나 다른 것은 OH기(基)가 포착되었고 성분 중의 Mg는 Fe로서 치환될 수 있는 불연속 반응 계열을 철-고토 반응계열이라고도 하는데, 감람석(Olivine)에서 불연속적으로 배태하는 계열이다.

2) 크롬광상(Chromite Deposits)

광상(鑛床)은 채광할 수 있는 광물의 집합체를 말한다. 수반된 암석을 고려한 암석학(Petrology)과 광석 부존 지역의 특성, 광체의 구조, 화학성분의 특유한 기본적인 요소를 근거로 분류하지만, 그것의 경제적 중요성을 강조하기 위하여 아래와 같이 간단하게 스트라티폼광상과 포디폼광상으로 나눈다.

(1) 스트라티폼 광상(Stratiform Deposits)

관입된 용융화성암체로부터 크롬의 분별정출(Fractional Crystallization) 현상으로 생성된 스트라티폼 크롬광상은 세계적으로 알려진 가채 매장량에서 거의 90%를 차지한다.

첨정크롬광체(Chromite Spinel)는 암장(Magma Chamber) 내에서 여러

층을 형성하기 전에 다른 작은 크롬들이 밑에 가라앉아 응결되는 광석 중 제일 먼저 조밀하게 정출하는 광석이다. 균일한 층으로 크롬 부광대가 형성되어 모암과 광상 사이에 경계가 잘 정해진 것이 일반적으로 보이는 것이 특색이다.

그렇지만 완성된 결정 형상 때문에, 규산염 물질은 눈에 띄게 단구(段丘)의 틈새에 끼어 있다. 규산염 맥석의 생성은 광석의 품질과 미립(微粒), 경도(硬度) 등 여러 형태를 만드는 중요한 역할을 한다. 이러한 광석은 다른 포디폼(Podiform)에서 생기는 견고한 괴상암석(Hard Lumpy Ore)에 비해 약하고 잘 부서진다.

그러나, 다른 크롬광 층의 구성이 다를지는 모르지만, 각 층들은 가장 균일한 품위가 발견되었고, 층(層)들의 두께에 상관없이 많은 층들이 멀고 길게 발견된다. 이렇게 나타나는 층의 형상은 정확한 광량 계산을 할 수 있고, 또한 균일한 품질을 공급할 수 있어 상업적으로 유리하다.

가장 대표적인 스트라티폼 크롬광상은 〈표 2-1〉과 같다.

〈표 2-1〉 대표적인 스트라티폼 크롬광상

국가	크롬광상
남아프리카	부슈벨드 광상(Bushveld Igneous Complex in South Africa)
짐바브웨	짐바브웨 광상(Great Dyke of Zimbabwe)
핀란드	케미 광상(Kemi Complex in Finland)

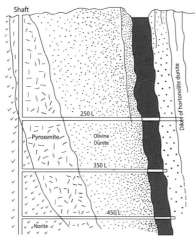

Bushveld 스트라티폼 크롬 수평 광상

남아프리카 스트라티폼 크롬 수직 광상

(2) 포디폼 광상(Podiform Deposits)

본 광상은 형태가 매우 불규칙하며 모양 또한 다양하다. 볼록한 콩깍지 (Pods)나 둥그런 렌즈(Lens), 또는 등에 짊어진 등짐(Sack-Form)의 형상으로 나타난다. 층에서 광석의 산출이 얇은 판일지는 모르지만, 모암 내의 많은 구역에서 체계적인 분포양상이 보이지 않고 연결되지 않기 때문에 스트라티폼(Stratiform) 광상과는 구별이 된다.

광체의 크기는 작은 것에서부터 몇백만 톤까지 다양하지만 불규칙한 모양과 크기 때문에 실지 채광과 함께 매장량 결정을 어렵게 만든다. 지표에서 광상 노두(Out Crops)가 없다면, 새로운 광상의 위치를 파악하기는 매우 힘들다.

포디폼 크롬광상은 많은 산맥이 육지를 만드는 과정에서 섬 연결과 지각 구조상의 지대 안으로 밀어 올려 대양판과 맨틀로부터 유래된 매우 크게 습곡된 염기성 감람암(Peridotite)과 사문암(Serpentinite)에서 나타난다.

실지 크롬광상은 모암에서 불규칙한 포디폼을 형성하기 위하여 용융으로 부터 크롬 스핀넬의 우선 정출에 의하여 형성되었다고 사료된다. 분화된 크롬광체는 연약한 다른 면 혹은 모암의 틈인 다른 부분 속으로 열수작용의 도움이 있든 없든 내부지각습곡작용(Interorogenic Process)에 의하여 산맥형성과정에서 여러 경우로 주입되었고, 재용융되어 강하게 결합된 자형(Euhedral) 결정들이 굳은 광체를 형성하기 위하여 상당한 압력으로 정출된 크롬의 경우에서 이 광상은 경도가 큰 괴상(塊狀)이 특징적이다.

세계적으로 알려진 포디폼 크롬광상은 〈표 2-2〉와 같다.

〈표 2-2〉 세계적인 포디폼 크롬광상

국가	크롬광상
러시아	켐퍼사이 광상(Kempirsai Region in Russia)
필리핀	잠바레스 크롬 벨트(Zambales chrome belts in Philippines)
카자키스탄	카자키스탄 광상

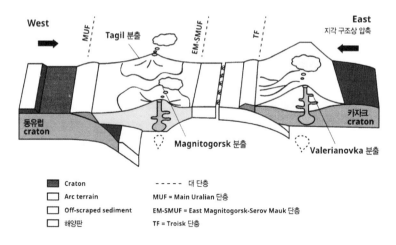

중앙아시아 포디폼 크롬광상

▲데본 후기 시베리아판(Craton)과 동유럽판 충돌 봉합으로 Orogenic belt 생성(출처: Cardiff univ)

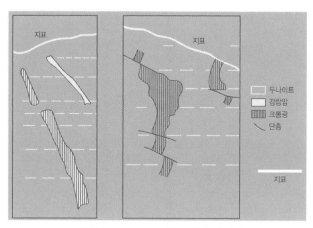

필리핀 Zambales 포디폼 크롬 수직 광상

(3) 크롬광상의 특성 비교

〈표 2-3〉과 같이 스트라티폼(Stratiform) 크롬광상과 포디폼(Podiform) 크롬광상의 특징을 비교 · 분류할 수 있다.

〈표 2-3〉 Stratiform 광상과 Podiform 광상의 특징

단위: 백만 톤

스트라티폼(Stratiform)	포디폼(Podiform)
Great lateral extent	Limited in size
Vast reserves	Small to moderate reserves
1,300m ton.	155m ton. Max
(17~54% Cr_2O_3)	(17~50% Cr_2O_3)
Uniform layers	Highly irregular in form
Mid-Precambrian or older	None in the Precambrian
Primary features dominate	Secondary features dominate
No nodular texture	Constains nodular texture
Variable Fe^{2+} : Mg ratio	Constant Fe^{2+} : Mg ratio
Large reserves of high chromium ore	Moderate reserves of high chromium ore
645.3m. ton(47~51% Cr_2O_3)	>141m Max. ton(47~51% Cr_2O_3)
Large reserves of high Fe ore	Limited reserves of high Fe ore
654m. tonnes(26~45% Cr_2O_3)	2m. tonnes(20~40% Cr_2O_3)
No reserves of high aluminium ore	Small reserves of high aluminium ore 12m. tonnes(refractory grades)

출처: 국제전략광물명세보고서(Circular 930~A), 매장량은 가채광량(1986)

2.2 채광(Mining)

지하, 지표에서 일차적으로 일부 불순물이 함유된 원광석(Run of Mine)을 폭약 발파의 효과를 높여 크기가 평균 6인치 이하로 채취하는 작업이

채광된 크롬원광석 Pile(±6 inch)

채광이다.

크롬광상에서 효율적으로 광체를 개발 · 생산하기 위해서는 효율적인 채광법(Mining Methods)을 선택해야 한다. 광상의 형태와 광체의 공간적 관계, 크기, 양상, 심도, 주변 지형을 면밀히 검토 · 연구하여 결정하는데, 같은 층상이라도 연장의 길이, 둘러 쌓여있는 암석의 강도, 품위 또는 층의 두께 발달 여하에 따라 다른 방법을 적용한다.

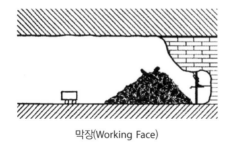

막장(Working Face)

현재 세계 도처에서 가행하는 크롬광산의 채광 현황을 살펴보면, 연간 생산 규모가 몇백만 톤에서 심지어 수천 톤에 달한다. 채광법은 국가마다 모두 다르지만, 기본 채광 원리를 적용하여 우선 안전하게 생산 실수율을 높이며 자연환경 훼손을 최대한 줄이는 채광법은 광산마다 꾸준히 연구되고 있다.

갱도(Portal of Adit)

1) 수갱(竪坑, Shaft)

모든 터널 굴착 시공에서 사전 세밀한 예비조사 후에, 가장 중요한 사항은 지표에 영구적인 기준점(Bench Mark)을 설정하여야 한다. 수직터널(90°)인 수갱(φ4.2~6.7m)은 광석, 자재, 인원, 장비 운반의 목적이 일반 갱도와 다를 바 없지만, 이동 시간이 다르고, 작업(Shaft Sinking)이 정교해야 하며, 위험이 크다.

대부분의 품위가 좋은 크롬광체는 지하에 깊게 부존하여, 거대한 광체의 주향과 경사가 하부로 발달하고, 모암의 상·하반 경사가 완만한 경도(Hardness)가 높아야 효율적이다. 수직으로 굴진 후에, 암석의 질에 따라 갱도의 벽면을 안정시키는 콘크리트, 록볼팅(Rock Bolting W / Welded Wire Mesh) 등의 구조물 설치와 병행하여 Cage, Skip 등 여러 Compartment로 구성된 엘리베이터가 수갱 측면에 부착된 레일(Rail)을 타고 상하로 이동하는데 필요한 장치와 터널 여백에 별도 설치된 케이블, Air 배관, 환기, 배수관을 철저히 유지·관리를 해야 한다.

수갱과 사갱(斜坑)을 통한 채광(採鑛)은 안전, 토목, 측량, 기계, 전기, 철골구조, 중장비, 화공을 접목한 종합기술(Comprehensive Engineering)인 광산공학(Mining Engineering)의 극치(Acme)라고 국제적으로 평가한다.

수갱 가행 국가로는 남아프리카, 필리핀, 북유럽, 카자키스탄, 인도가 있다.

수갱도 환풍기(Shaft Ventilation)

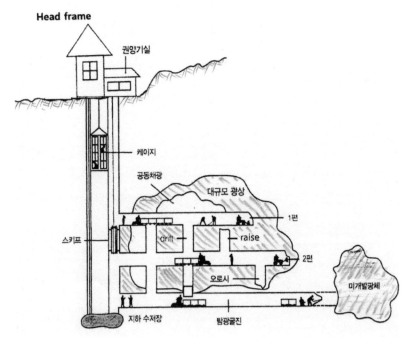

수갱 지하구조 측면도, 오로시(Winze)

수갱 광차 티풀러(Tub Tippler)

2) 사갱(斜坑, Incline)

사갱은 지표에서 지하로 또는 지하 수평갱도(Adit)에서 2차적으로 일정한 경사를 유지하며 굴착 시공된 갱도인데, 소규모에서 대규모로 분류한다. 경사는 16°~18°로 반출 · 운반 · 채광된 광석의 수량, 인원, 자재, 장비의 규모에 따라 크기를 결정한다. 운반을 원활히 하기 위하여, 레일을 부설하고, 측면에는 통행 사다리와 수량이 많은 광종의 사갱은 별도 Belt Conveyor를 병행 시공하여 운영한다.

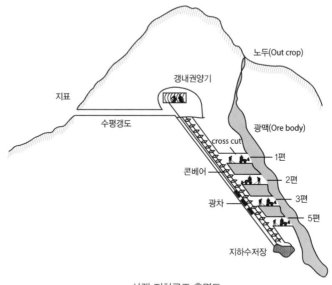

노두(Out crop)

갱내권양기

지표

수평갱도

광맥(Ore body)

cross cut

1편

콘베어

2편

3편

광차

5편

지하수저장

사갱 지하구조 측면도

사갱 내 권양기(650Hp)

크롬광에서 사갱 시공은 수갱과 같이 지하 심부에 많은 광량을 확인하고 지질학적으로 광상의 광체가 층상으로 연장이 크며, 퍼져있는 대체로 스트라티폼 크롬광상 지역의 상·하반이 약한 암 층에서 채택된다.

자재운반 사갱도

사갱 가행 국가로는 남아프리카, 인도, 이란, 러시아, 필리핀이 있다.

3) 노천 채광(Open Pits)

지표를 개방 굴착하여 광석을 개발·생산하는 안전상으로는 으뜸인 채광법이다. 지질적 조건으로 크롬광상의 상부 피복 표토가 박층(薄層)이며 크롬광체는 층상에 수평으로 연장이 길고 두께도 얇지 않은 스트라티폼(Stratiform Deposits) 광상에서 노천 채광법의 적용이 대체로 많다.

기술적으로는 채광 사(斜)면각, 벤치(Bench) 계단의 높이와 넓이, 운반도로의 폭, 경사, 배수로 변(Berms)과 작업장의 경계를 설정하여 연속적이

필리핀 노천 크롬광산　　　　　아프리카 풍화 잔류광상 노천 크롬광산

며 순차적 천공, 발파, 운반을 위하여, 직선이나 반곡선으로 벤치 계단 굴착 진행을 병행하여야 하며, 광석(Run of Mine) 제거 이동은 효율적이고 신속한 중장비를 투입한다. 안전 경사는 채광과 별도로 관리해야 한다.

노천 채광 적용 가행 국가로는 필리핀, 인도, 남아프리카, 카자키스탄이 있다.

　4) 충전식 채광(Cut & Fill)

지하 깊숙이 채광된 공간을 굴진폐석을 갱외(坑外)로 반출하지 않고 대체 물질로 계속하여 되메우기하면서 채광과 폐석 처리를 막장에서 병행하는 또한 상부 천반(Hanging Wall) 압력을 지보하여 광체의 경사가 급하거나

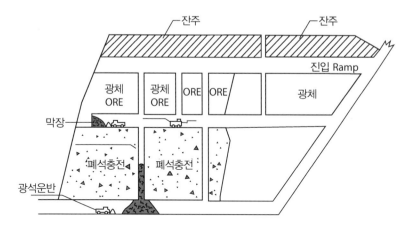

Incline 폐석 충전식 채광 모형도

불규칙한 층의 지역에서 시행되는 다양한 크롬광 채광법 중 하나이다.

크롬광 채광 경험으로, 불량한 상·하반을 따라가는 연층갱도에서는 채굴 공간을 적게 유지하기 위해 상향·하향으로 변화를 주어 적용하지만, 비교적 굳은 광석이나 모암에서는 막장에서 하향 충전을 선호한다. 따라서, 크롬광 채광에서는 광체가 크지 않고 품위가 안정되어 알뜰한 채광 실수율을 올릴 수 있는 중소 크롬광산에서 자연스럽게 채택된다.

적용 가행 광산 국가로는 필리핀, 터키, 인도, 알바니아가 있다.

5) 충적 지표(Surface) 채광

해안을 따라 지표 20m 상부에 부존하는 충적 잔류광상은 대부분 고질의 분광(粉鑛) 채광으로 광체가 광범위하게 지표에 국한되어 있어 중장비만을 사용하는 폭약 발파가 필요 없는 생산 원가가 최저인 단순 채광으로, 자연 환경보호와 지표 훼손 복구에 어려움이 많이 있다. 따라서, 선진국의 광산 개발 업자들은 오지(奧地) 내륙이 아닌 해안에서의 개발 · 생산을 외면한 지 오래되었다.

파푸아뉴기니 지표 채광 및 운송

이론적으로 광산 개발의 3대 원칙을 기초로 과거의 개발 생산은 아래와 같다.

① 광황(鑛況): 탐사, 탐광
② 품질: 실수요자 측면에서의 물성화학적 특성분석
③ 운반 거리: 원광석의 소운반 거리와 정광의 반출 거리

현재는 실질적으로 전체 이익을 위하여, 주변 자연환경인 토착민, NGO, 잠재적인 관광 자원 등에 미치는 영향이 가장 중요하다. 특히 해안 유역(Watershed)에 근접한 풍화잔류광상 홍토 크롬광 채광에서 정광 생산공정의 미분쇄(100~200 mesh) 미광(Tailing)의 처리는 해안 생태계(Ecosystem)에서 산호초(Coral) 등에 치명적인 결과를 가져온다.

적용 가행 광산 국가로는 필리핀 호몬혼 섬, 파푸아뉴기니, 마다가스카르가 있다.

2.3 정광(Concentrates)

정광(精鑛)은 1차 채광한 원광석(原鑛石)에 혼재된 잡석(맥석, Gangue

선광된 크롬정광 Pile(+10 mesh~-3/4 inch)

Mineral)이 선별처리공정에서 적절히 제거된 것으로 지역적인 품질에 따라 원광에서 정광의 회수율이 평균 ±50%~75%로 유용광물이 농축된 것이다. 품위도 높이고 제련 조건을 충족시킨 것이며, 다른 용도의 가치를 최대한 높인 고부가로 국내외에서 거래되는 상품이다. 따라서 **국제적이나 국가적 크롬광의 생산 통계는 수·출입할 수 있는 Exise Tax가 부과된 정광을 기준으로 한다.** 후진국의 통계는 이러한 구조 때문에 가늠하기 힘든 면이 있다.

정광을 만들기 위한 두 단계의 공정(Beneficiation Processing)으로 파쇄(Crushing) 및 분쇄(Pulverizing)와 입도(Sizing)별 최종 선광(Ore Dressing)이 있다.

1) 파쇄(Crushing)

채광에서 나온 크롬 괴광(Lumpy Ore)을 1차 파쇄(破碎)함으로써, 유용 광물이 무용 광물로부터 분리되어 독립한 여러 입상(粒狀)으로 되는 단체분리(Liberation) 상태에서의 파쇄 산물을 필요한 입도로 하기 위하여 단계적으로 반복분쇄배출 시키는 작업계통을 순환 회로라 하는데, 파쇄비(比)나 분쇄비가 적은 기계 여러 대를 설치하고 소요 입도를 배출시킨 조광(粗鑛)은 최종 선광장에 보내는 원료다.

파쇄의 기계는 소화하는 용량에 따라 선택하는데 일반적으로 쪼 크랏샤(Jaw Crusher) 한 대 혹은 두 대를 직렬로 배열하여 분쇄된 광석을 2단~3

Cone 파쇄기(왼쪽)와 Jaw 파쇄기(오른쪽)

단 상하진동 채(Vibrating Screen)로 분리하여 채 상부 중쇄(中碎)는 콘 (Symons Cone Crusher) 크랏샤, 자이로(Gyratory) 크랏샤와 대형 콤파운드(Compound) 크랏샤로 별도로 보내져 미분(微分)의 생산은 롯드(Rod Mill) 분쇄기를 통과하여 최종의 분쇄(粉碎)물은 요동 테이블(Shaking Table)에서 입도별 조광(Grade Ore)을 선광장으로 보낸다.

(1) 쪼 파쇄기(Jaw Crusher)

괴광석을 일차적으로 파쇄하는 장비로서, 두 개의 파쇄면이 되는 턱(顎)이 있어, 그중 하나는 기계몸체(Frame)에 고정된 고정악이고, 다른 하나는 짧은 거리를 두고 회전축(Shaft) 운동으로 왕복하는 가동악이다. 마주보는 고정악과 움직이는 가동악 사이에 단단한 광체를 물고 씹는 면에 기복이 있는 두꺼운 특수강을 붙여 사용하는 파쇄 장비는 광산뿐만 아니라 건설, 석산 골재 파쇄에도 넓게 사용한다

(2) 싸이몬 콘 파쇄기(Symons Cone Crusher)

원광석에서 1차 파쇄된 광석을 2차로 조금 적게 파쇄하는 장비는 광산에서는 중립(中粒), 토목에서 기층골재, 콘크리트 골재 생산에 널리 사용되는 장비이다. 일종의 회전파쇄기 원리인데 파쇄된 광석의 배출면이 증가하도록 콘케이브(Concave) 아래가 곡선형으로 되어 있다. 파쇄할 수 없는 광석 파편이 혼입될 때 오목한 콘케이브면이 스프링에 의하여 머리

(Head) 쪽으로 멀리 추켜주어 큰 파편이 빠져나간다.

파쇄면 사이에 광석이 진행하는 어느 한 지점에서 파쇄된 것은 콘(錐體)이 회전축(Spindle)에 의해 회전하면서 후퇴할 때 어느 지점에 떨어지고 곧이어 콘(Cone)이 누르게 되면, 먼저 지점에서 같이 눌리게 되어 대체로 갈 지(之) 형태(Zigzag)를 그리며 밖으로 배출되는데 파쇄물의 크기는 처음 눌린 지점에서 결정된다.

이 장비는 밀폐된 내부의 기계 마찰열이 많아 냉각시키는 특수한 유냉각기(油冷却器)가 필요하여, 기계의 가동 부분의 윤활은 밀폐한 유조(油槽) 내에서 행하여진다.

(3) 로드밀(Rod Mill)

분광(粉鑛)을 생산하기 위하여 철제 원통체 속에 광석 분쇄용으로 강봉(Rod)을 장입한 장비이다. 강봉이 엉키는 것을 방지하기 위하여 원통체(Mill)의 길이는 직경보다 크게 한다. 로드는 마모가 되면 가늘어지고 구부러져 서로 엉키므로 수시로 손질 및 제거해야 한다.

로드의 재질은 고탄소강을 사용하면 마모가 덜되고, 취성(脆性)이 있어 마모된 것은 작은 파편이 되어 배출된다. 밀의 회전수는 약 80%의 임계 회전수로 정함이 보통이지만 특별히 광석에 따라 계산된 설계를 따라야 한다.

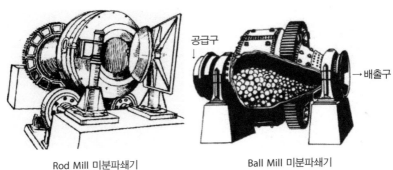

Rod Mill 미분파쇄기   Ball Mill 미분파쇄기

공급구
↓
→ 배출구

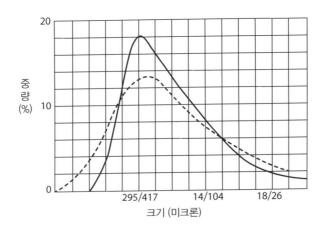

Rod Mill(실선)과 Ball Mill(파선)의 분립 분석비교

필리핀 미정광산, 파쇄시설

2) 선광(Ore Dressing)

입자의 직경과 침강속도의 관계는 〈표 2-4〉와 같이 분류할 수 있다.

〈표 2-4〉 Hazen's 입자의 직경과 침강속도의 관계

구분	입자의 직경(mm)	침강속도(mm/sec. 15°C)
조립(Coarse)	1.00	100.0
	0.80	83.0
	0.06	63.0
	0.40	42.0
중립(Fine)	0.2	21.0
세립(Very fine)	0.10	8.0
	0.08	6.0
	0.06	3.8

	0.04	2.1
침적토(Silt)	0.02	0.62
	0.01	0.154
	0.008	0.098
	0.004	0.0247
점토(Clay)	0.002	0.0062
	0.001	0.00154
	0.0001	0.000154

크롬광의 성분은 Cr_2O_3 25%~68%, 나머지는 FeO, Al_2O_3, SiO_2, MgO, CaO를 함유한 산화물이다. 수반된 성분에 따라 용도가 다양하여, 현재로서는 선광(選鑛)을 실시하지 않고 직접 사용은 거의 없다. 따라서 크롬광의 선광은 크롬광상과 지역에 따라 기계적으로 무용광물과 유용광물 또는 유용광물 상오의 경제적 선별을 행하여, 크롬광석의 가치를 높인 후 사용과 처리작업을 유효화시키는 준비 과정이다.

① 광석의 품위를 기계적으로 높인다.
② 광석을 제련(Smelting)할 때 유해물을 제거한다.
③ 정광을 소성(Kiln Processing)할 때 복합광을 개별 분리한다.
④ 광석 입자를 크기 단계로 분류한다.
⑤ 불순물을 순수한 물로 씻어 제거한다.

효율적인 선광 방법의 기본원리는 우선 광석의 비중, 경도 등 물리·화학적 성질의 차이를 이용하여 선광 기계를 선택한다.

Moh's 광물 경도계(Hardness Scale)

1. 활석(Talc)	6. 정장석(Feldspar)
2. 석고(Gypsum)	7. 석영(Quartz)
3. 방해석(Calcite)	8. 황옥(Topaz)
4. 형석(Fluospar)	9. 강옥(Corundum)
5. 인회석(Apatite)	10. 금강석(Diamond)

크롬광에 수반되는 광물의 비중(Specific Gravity)

사문암(Serpentine)	2.5	감람석(Olivine)	3.2
활석(Talc)	2.6	석영(Quartz)	2.65
규석(Silicate)	2.38	운모(Mica)	2.8
휘석(Pyroxne)	3.2	장석(Feldspar)	3.2
크롬광(Chromite)	5.5	자철광(Magnetite)	4.7

필리핀 미정광산 비중 선광시설

(1) 중액 선광(Heavy Fluid Separation)

비중 분리 시험인 부침(浮沈) 분석을 공업화한 크롬광 선광법이다. 크롬 광과 맥석 광물 중간 비중의 고체를 수중에서 동요시켜 분위기를 현탁(顯 濁)한 상태의 유지를 위하여 교반이나 회전 상승류가 필요하여 연속적으로 조광(Grade Ore)을 대량으로 처리하는 작업은 일반적으로 연산 30만 톤 이상의 대형 크롬광산에서 적용한다.

물을 현탁시키는 재료는 광물에 따라 여러 물질 액체나 고체가 있으나 크 롬광산에서는 크롬첨정석에 함유한 연질의 사문암, 점토 등을 수반하는 원광석의 Cr_2O_3 30% 이상, Al_2O_3 20% 이상, Fe 10%, SiO_2 3~6%에서 선 광 실수율을 극대화할 수 있는 중액의 비중이 중요하여 대체적으로 중액 비중을 3.25~2.95로 하고, 물속에서 중액물체(Materials for Suspension) 가 총알처럼 쏜다고 하는 Steel Shots 페로실리콘(Ferrosilicon)을 상오 광 석의 중간 비중에 맞게 별도 제작하여 통상 사용하고 있다. 이 선광법의 장점은 조정이 간편하여, 다른 중광(Middling) 입자를 세밀히 분류한다. 반면 제작하여 통속에 충전하는 페로실리콘의 부담이 크다.

적용광산으로는 필리핀 Coto 크롬광산, 아프리카 Wemi 광산, 러시아 우 랄광산이 있다.

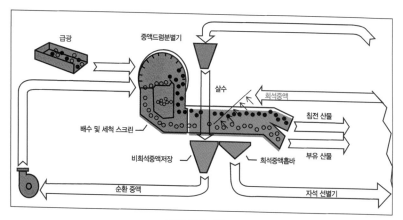

중액 선광 계통도

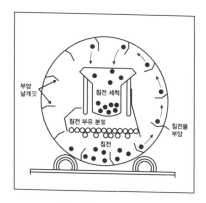

드럼 중액 분별기 상세도

(2) 하르쯔 비중 선광(Hartz Jig)

크롬광에 수반되는 맥석 광물이 적고 점토(Clay)분이 많은 고질(50% 이상)의 광석에 적용하는 선광법이다. 몇 개의 통(Hutch)을 직렬로 연결하여 프란저(Plunger) 운동 효과로 물의 압상운동과 흡입운동의 상대적 변동으로 크롬광은 통 안에 설치된 망(Sieve) 베드(Bed)에서 층을 이루며 나누어져 선별의 효과를 얻는다. 망의 높이를 점점 낮게 조절되어있는 연결된 각통에 물의 유동으로 용이하게 낙차를 이용한 산물이 크롬정광이다.

적용광산으로는 인도 오리사 크롬광산, 파키스탄 라홀 크롬광산이 있다.

하르쯔 선광기

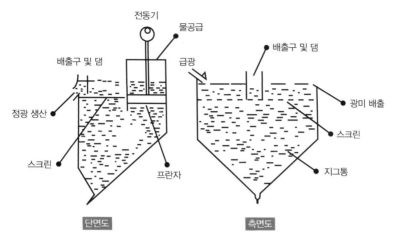

전동기

물공급

배출구 및 댐

배출구 및 댐

급광

정광 생산

광미 배출

스크린

스크린

프란자

지그통

단면도

측면도

하르쯔 Jig 구조

하르쯔(Hartz) 지그 선광의 풀란저 충동비교는 〈표 2-5〉와 같다.

〈표 2-5〉 지그 선광의 풀란저 충동비교

급광 최대 입도 크기 범위(mm)	충동 수(분당)		
	최저	최대	평균
64~32	95	175	129
32~16	100	175	131
16~8	80	250	144
8~4	115	268	176
4~2	130	350	235
2~1	135	400	250
1~0	210	384	281

(3) 다이어프램 비중 선광(Diaphragm Jig)

인체의 횡경막(Diaphragm)의 구조와 역할에서 착안하여 만든 비중 분벽(分壁) 선광법이다. Picotite 계(系) 크롬광에 수반 불용 성분인 규산염 맥석 광물(Gangue Mineral)을 비중과 경도 특성에 맞게 유용광물을 선별한다. 지그(Jig) 몸체는 지그 구역과 분벽 구역 상하로 나누어져 있다. 지그 구역 중간 망(Sieve) 상단에 크롬광석을 두껍게 베드(Bed) 층을 만들고 주입되는 크롬조광(Grade Ore)은 유입되는 물과 같이 한 방향으로 유동하면서 하부에 설치된 반원통 고무 분벽의 맥동에 의하여 지그운동효과로 무거운 크롬 광입(鑛粒)은 베드 층 사이로 통과 원추형 하부로 가라앉아 출구로 유출된다.

다이어프램 비중 선광기

가벼운 맥석은 베드 층 끝에서 유속에 의하여 외부로 떨어져 광미(Tailing)로 처리된다. 유용광물의 회수율을 극대화하기 위해서는 조광 특성에 맞게 맥동수(Power), 유입 수량 및 수압, 입도에 맞는 베드 층의 공간 넓이, 또한 정광과 광미의 중량 계산 비교를 사전 선광 시험이 대단히 중요하다.

적용광산 국가로는 필리핀, 터키, 이란, 미얀마가 있다,

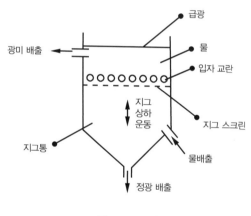

지그 Hutch 상세도

-10 mesh(Minus 10)를 기준으로 했을 때, 비중 선광 결과 분석은 〈표 2-6〉과 같다.

생산물	중량(%)	Cr$_2$O$_3$	Cr$_2$O$_3$ 분포(%)
정광(Concentrate)	38.1	43.1	77.3
중광(Middling)	17.6	16.3	13.5
광미(Tailing)	27.3	1.9	2.3
광니(Slime)	17.0	8.3	6.8
원광(Ore)	100	21.2	100

(4) 요동 테이블 선광(Shaking Table Separation)

요동 선광기는 슬라임(Slime) 직전 미립광에 대한 선별 기계이다. 원리는 약간 기울어진 판에 묽은 농도의 펄프를 흐르게 하면 비중이 큰 입자는 판과의 마찰로 판 위에 남으나, 비중이 적은 입자는 물에 흘러내려 가는 것을 이용하여 비중이 서로 다른 입자를 분리하는 것이다.

또 광립층에서 위층의 입자는 비교적 수류의 작용을 받기 쉬우나, 밑에 있는 비중이 큰 입자는 수류의 영향을 덜 받게 되어 분리가 잘 되는 것이다. 광립은 가볍고 작은 입자일수록 멀리 흘러내려 가서 침강되며, 리플(Riffle) 사이에 침강된 입자 중 무겁고 자잘한 입자는 아랫부분에, 가볍고 큰 입자는 윗부분에 위치하여 층을 이룬다. 이때 헤드(Head)에 왕복 운동을 주면 무거운 입자는 리플을 따라 점차 헤드의 반대쪽으로 이동한다. 광립이 이동함에 따라 리플은 높이가 낮으므로, 위에 있는 가벼운 입자는

물에 흘러가 버려 배열로 선별이 된다. 적용광산 국가로는 아프리카. 핀
란드, 인도, 필리핀이 있다.

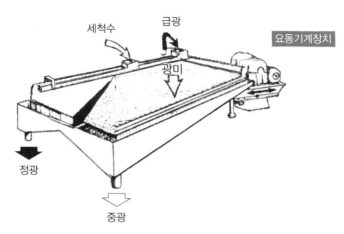

요동테이블 측면도 ▲광미(Tailing)

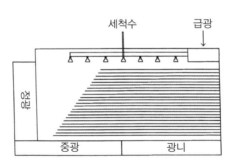

테이블 평면도 ▲광니(Slime)

Minus 100 mesh 테이블 선광과 비중 선광을 비교하면 〈표 2-7〉과 같다.

<표 2-7〉 Minus 100 mesh 테이블 선광과 비중 선광 비교

생산물	중량(%)	Cr_2O_3	Cr_2O_3 분포(%)
테이블 정광	18.6	43.4	37.7
비중 선광 정광	7.7	44.1	15.9
전체 정광	26.3	43.6	53.6
중광	22.0	28.0	28.7
광미	51.7	7.3	17.7
원광	100	21.4	100

(5) 나선형 선별(Spiral Separation)

6 mesh(3mm) 이하의 입도광 선별에 적합한 장치는 단면이 반원인 철판 통(筒) 수직인 축의 둘레를 따라 연속적인 나선형으로 감은 것으로서, 무동력 자연 경사면으로 회전하는 극히 간단한 비중 선별기이다. 조광을 물과 함께 공급하여 흘러내리면서 비중이 적은 입자는 통의 바깥쪽 둘레에 밀리면서 흘러내려 가고, 비중이 큰 입자는 통의 안쪽 밑바닥을 따라 흘러서 각층에 있는 구멍으로 배출된다.

시설비가 저렴하고 설치가 간단하여, 지표면 홍토(紅土)인 풍화잔류 침적 라트라이트(Laterite) 크롬광과 빈해강(濱海江) 크롬 사(砂) 채취에 필수 장비다.

적용광산 국가로는 뉴칼레도니아, 파푸아뉴기니가 있다,

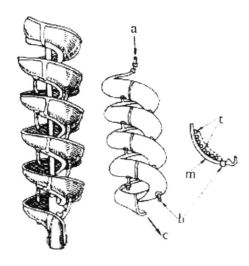

Spiral 선별기

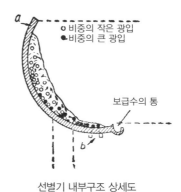

o 비중의 작은 광입
● 비중의 큰 광입

보급수의 통

선별기 내부구조 상세도

(6) 부유 선광(Flotation)

부유선별은 액상의 물을 이용하여 크롬광과 맥석 광물을 실수율이 높게 분리 선광하는 것으로 크롬광의 표면의 물리 화학적 성질을 이용하는 것이다.

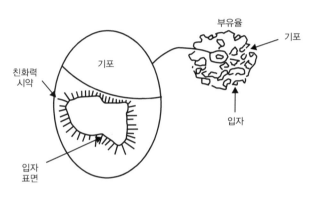

부유선광 원리

고질(高質)의 크롬분광(Fine Ore)이나 취광(脆鑛, Friable Ore)에 적용한다. 특히 풍화 홍토(紅土)에 배태하는 크롬분광의 점토 슬라임(Slime)의 존재는 부유 선광에 장애가 되어 있다. 유용광물 표면에 슬라임 피복이 생겨 부유가 방해되고, 최종 정광(Concentrates)에 혼입되어 품위를 저하시키는 사실은 또한 부유 선광에 있어서 슬라임화 되기 쉬운 연질의 맥석 광물(Gangue Minerals) 휘석, 활석, 납석, 규석 등의 경우인 크롬광은 오레인산과 같은 포수제(Promotor)에서 비교적 쉽게 부유됨에도 불구하고,

높은 품위의 정광을 만드는 것은 통상 어렵다.

일반적으로 부유(浮遊)물을 완전히 슬라임을 제거해야 하지만, 이때 대량의 크롬이 손실되는 경우가 대단히 많아서, 슬라임 제거 대신에 활석과 같은 광물이 존재하는 경우에는 크롬광을 부유시키기 전에 활석을 우선적으로 부선하는 방법도 좋다고 알려져 있다. 순수한 크롬광의 각종 포수제에 의한 부유성에 대해서는 H. J. Morewietz의 연구가 있다.

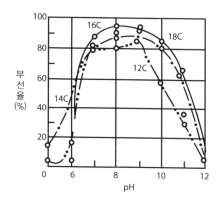

제1급 알킬아민 175g/t, pH 조절제 HCl, NaOH

즉 제1급 알킬아민을 포수제로 이용한 경우 세틸아민 크로라이드(Hexadecylamin Chroride)보다 포수력이 강하고, pH의 영향은 도면과 같이 pH 8~9에서 가장 부유가 쉽고, pH 6 이하의 산성과 pH 11 이상의 알칼리성에서는 현저하게 부유되기 어렵다. 또한 크롬광의 부유율이 50%를 나타나는 pH는 HCl에서 6.5, H_2SO_4에서 6.2 이지만, H_3PO_4에서는 3.6 정도를 나타내고 있다. 이 pH 조절제로 인한 부유율의 차이는 포수제에 계면활성제(Surface Active Agents)를 이용했을 때, 더욱 확대된다는 것이 나타나 있다.

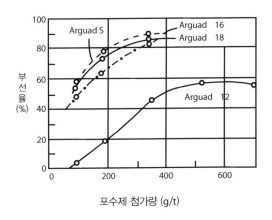

포수제 첨가량 (g/t)

72페이지의 그림에서 황산 도데실 소다의 아래 포수곡선은 자연 pH의 경우를 나타낸 것이다. 각종 지방산의 황산염에 의한 pH의 영향을 도데실, 테트라, 데실, 헥사데실 순으로 포수력이 저하되고, pH 3 정도의 산성에서 최대 포수력을 나타내고 있다. 이상의 내용을 종합하여, 제1급 및 제4급 아민, 지방산소다 비누, 그리고 지방산 황산염을 포수제로 이용했을 때의 크롬광의 포수력을 비교 검토할 수 있게 되었다.

크롬의 진흙을 제거하고 65%의 펄프 농도에서 황산, ACC R-801 및 연료 오일 모두 조건을 정한 후에 부선하는 방법으로, American Cyanamid 회사의 연구소에서 좋은 결과를 얻었다.

비누, 지방산, 지방산의 부유액 및 음이온형 습윤제도 크롬광의 포수제로 효과적이라고 알려져 있다. 이외에 인몰리브덴산(Phosphomolydic Aacid). 또는 포스터텅산(Phosphotungsic Acid)과 같은 활성제로 크롬광의 부선이 잘 되었다는 특허가 있다. 메타인산(Metaphosphoric Acid) 소다와 질산 납(Lead Nitrate)과 같은 금속염이 첨가제로서 비누형 포수제를 이용하여 크롬광의 부선을 실시하는 경우에 효과적이라는 보고가 있다.

R. Havens가 취득한 미국 특허는 광석을 0.3mm 이하로 분쇄하고, 10μ 이하를 데슬라임하여 제거하고, pH를 2.5~4.4로 조절하여 플루오르화 물질과 포수제를 통해 부선하는 방식이지만, 이 경우 포수제에는 8~18의 탄소 원자가 있는 장쇄지방산, 예를 들면 올리브, 야자, 코코넛 오일, 피마자, 해바라기 오일, 참기름, 기타 합성오일 등이 적당하며, 첨가량은 450~2,000g/t이다. 또한, 분산제에는 Emulsol X-1을 45~1,125g/t 이용하고, 플루오르화 물질을 HF 또는 NaF로서 첨가하는 것이다.

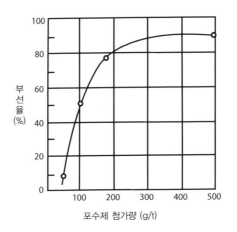

100

80

부
선
율
(%)

60

40

20

0

100   200   300   400   500

포수제 첨가량 (g/t)

황산 도데실 소다, 자연 pH

데슬라임은 과산화물이 주로 포함된 약액에 퇴적된 슬라임, 부드러운 부
착물에 침투하여 격렬한 분해를 일으키고, 강력한 발포력(산소, 가스발
생)과 화학적 산화 능력의 상승효과를 통해 경이적인 분산 박리력을 발휘
하여 장애물을 제거하는 약제이다.

A. J. Weinig가 취득한 미국 특허에 따르면, 비중 선광한 크롬 사광을 플
루오르화 소다, 플루오르화 수소산 또는 실리코플루오르화 소다와 같은
가용성 실리플루오르화 물질을 만드는 시약의 존재 하에서 조건을 정항
후에, 가성 소다와 같은 알칼리를 이용하여, 산성이 된 펄프를 부분적으
로 중화하고, 크롬광과 수반하는 맥석 광물은 함께 부유시킨다.

포수제는 지방산 또는 비누를 조제등유 또는 가스유와 함께 사용하고, 기포제는 송유(Pine Oil), 크레졸산, 또는 석유계통의 연쇄 유기산을 사용한다. 이 부유 선광으로 석영, 감람석 또는 그 변질로 인해 발생한 사문석(Serpentine)을 미광(Tailing)으로서 제거할 수 있다.

다음으로 황산과 같은 광산을 각 단계에 첨가하여 펄프의 산성도를 높이면서 크롬광의 정선(精選)을 반복한다. 또한 케브라초(Quebracho), 리그닌(Lignin), 탄닌(Tannin)과 같은 것을 사용하면 정광 품위를 높이는 데 도움이 된다.

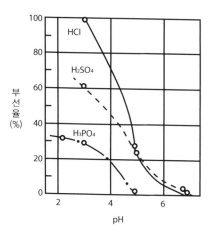

황산 도데실 소다 175g/t

이미 서술한 바와 같이 크롬광의 부유 선광의 진흙을 제거(脫泥)하는 것이 필요조건이다. 그러나 미국 광산성(U. S. Bureau of Mine)의 연구에 따르면 크롬광의 우선에 진흙 제거가 필수가 아니라는 것이 판명되었다고 한다.

크롬광의 부유 선광에 지방산 포수제와 함께 플루오르화 물질을 이용한다는 앞서 기재한 Havens의 특허는 0.3~0.074mm(200 mesh)에 적당하지만, 이것은 크롬 사광이나 미광에 좋다는 것이다.

〈표 2-8〉은 포수제 케이산소다 450g/t, 베기사메타린산소다 45g/t, 오레인산 1800g/t, 케이풋사 소다 900g/t를 사용해 부유 선광을 분석한 결과이다.

〈표 2-8〉 100 mesh(minus 10) 부유 선광 분석

생산물	중량(%)	Cr_2O_3(%)	크롬광 분포율(%)
정광	34.5	44.0	73.6
광미	4.0	21.4	4.2
組선미광	37.5	5.2	9.5
슬라임	8.0	8.1	3.2
원광	100.0	20.6	100.0

출처: 남아프리카 크롬광산 보고서

슬라임이 존재하는 그대로 부선하는 것을 연구한 결과, 연료오일을 첨가하면 슬라임이 존재하더라도 현저하게 선택성이 늘어난다는 것을 발견한 것이다.

일본에서 크롬광의 부유 선광에 관한 자체 보고에 의하면, 크롬광에 오레인산 소다에 의한 부선실험을 실시하였다. 크롬광과 사문암의 광물 입자 크기와 부유도의 관계를 조사하여, 0.2~0.05mm의 크롬광립은 부유가 대단히 빠르고 부유량은 현저히 증가되지만, 0.05mm 미만인 것은 부유 되기 어려운 데 비해, 수반하는 암석은 이와는 반대의 경향을 나타낸다는 결론을 얻었다.

부유 선광 적용 국가로는 핀란드, 남아프리카, 캐나다가 있다.

(7) 자력 선광(Magnetic Separator)

광물의 자성($磁性$)은 차이가 있으므로 중력 마찰력과 더불어 광석을 선별한다. 철을 함유하는 물질은 자장 내에서 내는 힘을 강자성체라고 한다. 크롬광($FeCr_2O_4$)의 자성은 화학성분에서 나타나는 자철광($FeOF_2O_3$), 티탄철광(FeO, TiO_2)과 같이 강자성 광물의 화합물로 사용 목적에 따라 비중 선광, 다른 선광에서 자력 선광을 병행하는 광산이 많다.

크롬광은 자력에 의한 선별 대상 광물로 광물의 입자를 중요시하는 내화물용 또는 주물용에서 세밀한 광립(鑛粒)은 자기 감응에 따라 좌우될 뿐 아니라 자장 통과 시의 운동량은 입자의 비중, 속도, 용적에 영향을 받는다.

비중	불량도체			량도체				비중
	자성	약자성	비자성	강자성	자성	약자성	비자성	
5				자철광			황철광	5
				티탄철광	티탄철광	적철광	휘수연광	
			Zircon			크롬철광		
4.5								4.5
							금홍석 황동광	
4	석류석		중정석				판티탄석 갈철광	4
	능철광		강옥					
3.5		감람석	가이아나이트				다이아몬드	3.5
		인회석 각섬석	황옥 실리마나이트					2
2		전기석	형석					
		흑운모	백운모 Beryl					
2.5			장석 방해석 석영 석고 황				흑연	2.5
2								2

광물의 비중과 자기 및 전기적 성질

자력으로 자장을 만들고 강도를 조절하여 균일한 급광(Feeding)의 속도를 조절하여 선별된 광석을 적당하게 반출하는 문제를 우선 주의하여야 한다. 자장의 강도는 전자석의 힘이며 쉽게 변경할 수 있어 통과하는 광립을 단

입자층으로 급광하면 비자성의 불순물 혼입을 적게 하여 실수율을 올린다.

자선기는 광종에 따라 여러 종류로 분류하여 복잡한 원리 구조가 중요하지만, 크롬광에서는 보조 선별기로서 조작이 간편하고 견고하여, 다른 시설에 부착이 쉬워야 한다.

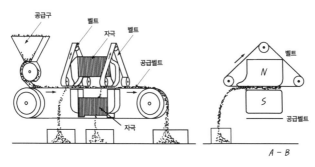

자력 선별기 구조

출하하는 최종 정광을 입도, 품질별로 혼재(Blending)와 용선(Charter Vessel)의 해치(Hatch)에 적하(積荷) 시 통과하는 콘베이어벨트 중량계(Weight Meter) 후방에 설치하여 사용한다. 또한 중액 선광의 중액 페로실리콘(Steel Shots)의 교체 및 회수에도 사용한다.

적용국가로는 핀란드, 남아프리카 주물사 선광, 필리핀, 터키, 인도가 있다.

(8) 정전 선광(Electrostatic Separation)

정전(靜電) 선광기는 전극(電極)의 모양, 인가전압(印加電壓)에 의해서 광물의 입자 범위(8 mesh~+65 mesh)를 극판 간격 10mm의 평행 극판 사이에 놓고 교류(AC) 전압을 걸었을 때 이들 입자가 약동(躍動)하는 원리이다. 양쪽 선광기 측과 선별하고자 하는 광물 측의 여러 요소에 의하여 대전(帶電)시킨 양도체 Roll의 표면에 직접 원광을 공급하면 양도성의 입자는 전기 감응에 의하여 대전한다. 따라서 서로 반발하여 양도성 광물과 불양도성 맥석 광물이 분리한다.

적용광산으로는 남아프리카, 핀란드, 인도 화학용 처리광산이 있다.

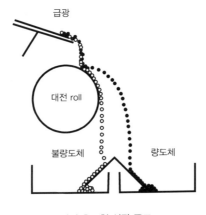

급광

대전 roll

불량도체   량도체

정전 유도형 선광 구조

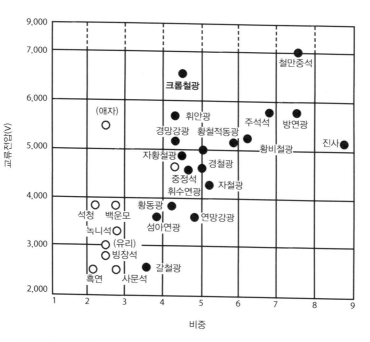

각종 광물 입자의 비중과 약동 전압 ▲(전극 간격 10mm, 입자의 크기 0.2~0.4mm)

크롬광의 입도상(粒度狀)이 대체로 양호한 포디폼광상의 지하 심부에서 채광되는 경도(硬度)가 좋은 지역 필리핀, 러시아와 해안 자연사(砂)가 많은 파푸아뉴기니 등지에서 시행되는 선광법이다.

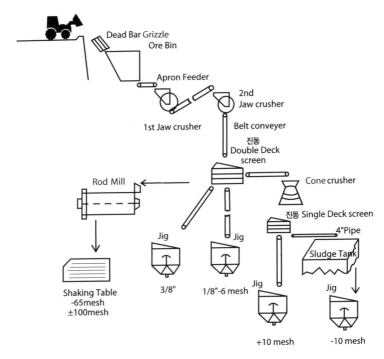

필리핀 Mijung 광산 선광 계통도

2.4. 품질관리(Quality Control)

1) 개요(Prologue)

광산 개발의 3대 조건 중 하나인 광물의 품질은 대단히 중요하며, 광석 품위의 정도에 따라 가격에 영향을 미친다. 크롬광의 품질측정에는 수반하는 여러 광물의 유무를 파악하는 정성분석(Qualitative Analysis)과 존재하는 양을 측정하는 정량분석(Volumetric Analysis), 물성(Physical Assay), 입도(Sizing) 분석이 있다. 우선, 성분을 측정하기 위해서는 시료 채취(Sampling)를 할 장소와 방법이 좋아야 한다.

노두(露頭, Outcrop)에서 트렌치(Trench) 시료 채취, 광상이나 노두에서부터 풍화작용으로 멀리 떨어져 나간 광석의 파편인 전석(Boulder Stone), 표석(漂石) 시료 채취, 막장(Working Face) 시료 채취, 정광(Concentrates)의 시료 채취가 있다.

정광 시료 채취

시료의 화학성분 분석은 광산 현장시험실에서 시행하지만, 정기적으로
국제적인 공인 시험소의 분석 확인서(Assay Certificate)와 오차범위(Dis-
crepancy)를 비교 검토하여야 한다.

크롬광의 분석방법은 일반적으로 과산화소다 용해법(Sodium Peroxide
Fusion Method) 등 여러 종류의 시약(Reagents)으로 분석하는 방법이 있
어, 지역적으로 자유롭고 선택적이다.

분석 시약

2) 크롬광 화학분석 시험(Analysis Method)

크롬광 화학분석 시험법으로 다음과 같은 종류들이 있다.

① Cr_2O_3, Fe, SiO_2 : Wet & Van Niekerk Method.

② 방사잔상 현상의 Microprobe Method.

③ Al$_2$O$_3$: 시료 1g에 Hot HClO$_4$/H$_2$SO$_4$의 AAS(Alumina Absorbing Solution) 용해법

이 외에도 다른 시약에 의한 MOD Titrimetric 방법에 의하여 얻어진 질량분율(分率, %)이 있다.

Cr x 1.4615 = Cr$_2$O$_3$(JIS M 8261~8267)

Fe x 1.2865 = FeO

Si x 2.1395 = SiO$_2$

Al x 1.8895 = Al$_2$O$_3$

Mg x 1.6581 = MgO

Ca x 1.3992 = CaO

겉보기 비중(Bulk Density): 중량측정

기공율(Apparent Porosity): 용적계산

작열감량(Ignition Loss): 고온반응 중량감

3) 국제 공인 광물 분석 기관(International Assayer)

국제적으로 공인된 광물 분석 기관은 다음과 같다.

① POSCO(포항제철 연구소)

② McPHAR(Canada Analytic Geoservies)

③ Intertek(US Global Mineral Assayer)

④ Alex(UK Assayers)

⑤ Nippon Assay(日本分析)

⑥ Others

지역적으로 생산된 광물의 성분분석결과는 광석을 구매하는 실수요자 측의 분석기관 선택이 가장 중요한 사안(私案)으로 평소 오차가 없도록 노력하여야 한다.

3
—

세계 크롬광
부존자원

World Chromite Reserve

세계 크롬광 생산현황과 매장량을 〈표 3-1〉, 〈표 3-2〉에 정리하였다.

〈표 3-1〉 세계 크롬광 생산현황

단위: 톤

국가명	연도		
	1985년	2002년	2011년
남아연방	3,698,700	6,424,000	8,170,000
카자키스탄	–	2,336,000	4,900,000
러시아	2,560,000	300,000	700,000
알바니아	920,000	200,000	200,000
터키	500,000	610,000	2,567,000
짐바브웨	526,500	530,000	465,000
인도	550,000	2,628,000	3,267,000
브라질	270,000	292,000	470,000
필리핀	257,600	300,000	410,000
핀란드	179,200	584,000	700,000
이란	40,000	520,000	720,000
기타	340,000	520,000	1,100,000
총계	9,000,000	14,600,000	23,740,000

출처: BGS Mineral 통계 & USBM Prelims

〈표 3-2〉 세계 크롬광 매장량

단위: 톤

국가명	Probable	Proved
남아프리카	30억	8억
카자키스탄	3.2억	1억
짐바브웨	1.4억	4,000만
인도	7,000만	2,500만
핀란드	4,000만	1,500만
필리핀	3,000만	800만
브라질	3,000만	1,000만
터키	3,100만	1,000만
오만	1,300만	500만
기타	20억	7,000만
합계	50억	12억

출처: ICDA(2011)

3.1 남아프리카(South Africa)

1) 개요

크롬광이 남아프리카에 서부 트란스발(Transvaal)의 루스텐버그(Rustenburg) 지역의 헥스(Hex) 강변에서 처음 발견되었지만, 1924년이 되어서 상업적인 광물로서 개발이 시작되었다. 그때부터 생산이 빨리 확산되었고, 남아프리카가 세계에서 제일 큰 크롬광 생산국이 되었다.

남아프리카의 크롬광 부존은 Gabbro-Norite를 중심으로 마그마 분결작용으로 형성된 버스벨드 화성암 벨트(Bushveld Igneous Complex)지역에 넓게 부존한다. 채광된 크롬광체의 층들은 품위나 두께가 전반적으로 일정하며, 주향 거리가 20km 이상이며, 두께가 30~180cm인 여러 층 중에서, 더 두꺼운 280cm 이상 많은 층은 품위가 대체적으로 떨어진다.

크롬광을 생산하는 광산들은 버스벨드 부광지대 주변에 원형으로 동서남북 네 지역(lydenberg, Rustenburg, Potgietersus, Marico-Zeerust)에 위치한다. 이곳에서 다량으로 생산되는 크롬광은 전반적으로 고질(高質) 크롬과 알루미늄 성분이 낮은 지역과 높은 지역으로 양분되었다. 대부분 광석의 강도가 약해 잘 부서지고, 입도 관리가 매우 취약하다.

크롬
Chromium

그렇지만 고질의 크롬광은 야금(冶金)용으로는 최상의 품질이며, 주변 일부 지역에서 생산되는 알루미늄 성분이 많은 크롬광은 내화용으로 적합하다.

1950~1975년 동안 세계는 군사적 대결 긴장 속에서 동구권과 양분되어 있는 가운데 외국의 간섭을 받지 않는 서방 세계에서 제일 많은 크롬광을 생산하는 남아프리카까지도 생산이 통제되었다. 군사장비의 연구 개발 모든 면에서 크롬 특수강의 생산이 필요한 크롬광의 생산자로서, 전략적인 밀접한 관계는 감소 된 공급으로 재평가되었다.

스테인리스강 생산에서 전체 크롬광 생산의 약 60% 이상이 소비되었지만, 다른 용도의 화학용, 내화용, 주물용의 산업의 비금속 시장은 증가되었다.

2) 매장량

25년간 남아프리카의 크롬광 생산은 4배가 신장하여 1980년대에 진입하여서는 연간 생산량이 340만 톤을 넘었다.

곧 세계 불경기로 크롬광 소비산업이 갑자기 위축되었지만, 크롬광 업계는 수요가 회복될 때까지 군소 광산을 정비 합병하였고, 장비를 개선하여, 대규모 생산을 준비하였다. 그래도 남아프리카는 서방 소비의 절반 이상 공급과 생산을 유지했다.

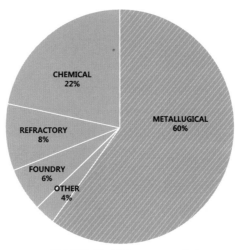

크롬광 용도 비교(출처: MBK no. 7/95)

세계적으로 1980년대 이후, 스테인리스강의 소비가 급격히 증가하여 크롬광의 생산이 매년 5% 이상씩 증가하여 1990년도에는 남아프리카의 크롬광 생산이 500만 톤을 넘어 2000년대에 들어서는 7,500톤, 2010년에는 1,000만 톤이 되어 세계전체생산(1,900만 톤)의 50%를 넘었다,

많은 광산들은 거의 스테인리스강과 금속합금를 만드는 고질의 크롬광을

생산하면서 광석 입도가 아주 약한 미립광석은 화학용으로도 생산 처리하고, 광석 특성상 입도 조절이 잘 되는 광석은 주물용으로 별도 생산했다.

또한, 광체의 성분에 알루미늄이 많고, 철분이 적은 일부는 내화용으로 화학성분에 맞는 공정을 거쳐 내화용으로 생산하여 제일 고가로 공급한다.

남아프리카가 크롬광 생산을 세계에서 선도적인 역할을 하는 데는 양질(良質)의 매장량(5억 1천만 톤)을 기반으로 노동력 수급이 매우 쉬우며 광부들이 체력적으로 막장에서 근면하고, 광산운영관리에 순종하는 성품이 매년 증가하는 생산에 큰 몫을 하였다는 말이 있다.

3) 생산 용도별 품위 및 입도(Quality of Products)
남아프리카에서 생산되는 크롬광의 생산 용도별 품위 및 입도는 〈표 3-3〉과 같다.

〈표 3-3〉 남아프리카 생산 용도별 품위 및 입도

화학성분	야금 및 금속	화학	내화	주물
Cr_2O_3	35%~51%	44%~47%	35%~41%	44% Min
SiO_2	2% Max	1% Max	3% Max	2% Max
Al_2O_3				21% Min
FeO	20% Min	25% Min	14% Max	
CaO				2% Max
Size: -10 mesh~+70 mesh, +200 mesh~-20 mesh				

3.2 필리핀(Philippines)

1) 현황

필리핀 크롬광이 세상에 처음 알려진 것은 1932년 지질 광산기술자가 북부 루손섬(Luzon)에서 발견하여, 1960년대에는 이미 연간 40만 톤을 생산하여 내화용으로 전환하고 안정된 품질을 바탕으로 많은 수요가 몰려 연간 60만 톤으로 급격히 증가하여, 전국적으로 크롬 붐을 일으켜, 남부 민다나오섬의 디나갓(Dingat), 중부 민도로(Mindoro)섬, 서쪽 팔라완(Palawan), 마지막으로 동쪽 태평양 연안 사마(Samar)섬에서 속속 크롬광이 발견되었다.

2) 매장량(Reserve)

필리핀 잠바레스 크롬광상은 지질학적으로 신생대 제3기 에오(Eocene)시대의 대양판이 동쪽에서 침하 중에서 후에 올리거(Oligoene)시대에 융기 작용으로 형성된 호상열도를 횡단하는 Ophiolite 복합체에 분포한다.

대부분 Podiform 또는 Alpine 타입으로 백악기에서 중신세기(Midcene)

에 생성된 초염기성암으로 이루어
졌다. 또 다른 광상은 단층지대을
따라 구조적인 습곡으로 교대된 굴
절한 사문암(Serpentine)에 수반되
어 나타난다.

화성암 생성 시기에 응결된 광상의
잠바레스(Zambales) 지역은 철분이
적고, 알루미늄이 높으면서 크롬성
분이 안정되어, 내화용으로 전부 터
널식 채광으로 아시아 환태평양 지

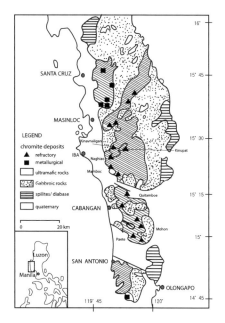

필리핀 잠바레스 크롬광상 지질도

역에서는 유일하다. 그러나, 같은 산맥의 일부 북쪽 벨트는 금속용 광체
가 지표면에 가까이 부존하여 노천 채광으로 장기간 생산하였다.

잔류 퇴적광상은 풍화 운반작용에 의해 생성된 국토 남서부 사마(Samar)
섬에서는 넓은 표토에 고질의 라트라이트(Laterite) 크롬 사(砂)가 부존하
여 단순 중장비로 채광하여 나선형 분리기(Spiral Separator)로 세척 처리
하여 생산한다.

그러나, 1980년대 후반부터는 표토 채광으로 인한 환경 훼손 문제로 선

진국의 투자 생산을 중지하고 철수했다.

필리핀의 크롬광 매장량은 〈표 3-4〉와 같다.

〈표 3-4〉 크롬광 매장량

단위: 톤

사용 품질	가채광량	확정광량	화학성분
야금용	17,000,000	6,490,000	Cr_2O_3(47%)
내화용	14,000,000	4,100,000	Cr_2O_3(30%)
Laterite 사(화학용)	3,200,000	1,000,000	Cr_2O_3(44%)
합계	34,200,000	11,590,000	

출처: BOM(1987)

3) 생산 내화용 품위(Quality of Final Products)

필리핀에서 생산되는 크롬광의 내화용 품위는 〈표 3-5〉와 같다.

〈표 3-5〉 생산 내화용 품위

화학성분(Refractory)	Lump ore	Plus 10 mesh	Minus 10 mesh	Fine ore
Cr_2O_3	31%	31%	32%	35%
Al_2O_3	27% Min	28% Min	28% Min	
Fe	12% Max	12% Max	12% Max	
SiO_2	7%	5.5%	3.5%	5%
Size(mesh)				
-10 Max	3″Max	20%		
+14 Min			12%	
-14 Max	15%			
-65 Max			20%	
+100 Max				65%

4) 생산 용도별 품위(Others)

생산 용도별 품위는 〈표 3-6〉과 같다.

〈표 3-6〉 생산 용도별 품위

화학성분	야금용	화학용
Cr_2O_3	47%	44%
FeO	20%	16%
SiO_2	4%	1.5%
MgO	13%	12%
Size	3″Max	±35 mesh Min

필리핀 크롬광은 아시아 환태평양 지역에서는 처음으로 발견되어, 5년 후 1937년부터 광산을 체계적으로 개발하여 전용 철도부설과 항만(Pier)을 건설하고, 처음부터 내화용 크롬 정광(Concentrates)을 생산, 제철산업의 선두인 일본, 미국 서부, 멕시코 그리고 호주에 공급하였다.

1970년대에 한국 제철산업의 태동으로 로(爐) 건설과 보수에 필요한 중요한 염기성 내화재 제조 크롬광을 지금까지 40년 넘게 안정적으로 공급하고 있다.

특히, 1980년 말부터 한국정부(**대한광업진흥공사**)는 해외 자원을 장기적으로 확보하기 위한 목적으로 현지에 3년 동안 크롬광 지질 탐광사업에 많은 투자를 하여 현재까지 안정적인 공급의 기반을 구축하였다.

1990년, 심도 200m Core Sampling(필리핀)

3.3 터키(Turkey)

1) 현황

터키의 크롬광은 세상에서 광석으로서 제일 처음 동쪽 버사(Bursa)지역 인근 우루닥(Uludag) 산맥(2,493ML)에서 지질학자가 스왐(Swarm) 광상을 발견하였다. 그 후 100년이 지나 세계 세 번째 크롬광 생산국이 되었다.

터키 전역에 분포한 염기성, 초염기성 암이 다량으로 나타나는 크롬광상은 유고슬라비아 북부에서 파키스탄 서부로 연결된 고대 알파인(Alpin Type)의 산맥 지형 기반으로 매우 크게 습곡되고 만곡(灣曲)된 암층에 형성된 변형이 심한 대부분 포디폼 광상의 광체에서부터 가짜 같은 스트라티폼 광상으로 변형된 경향의 광체들이 혼합되고 별도로 상당히 넓게 수백 톤에서 몇십만 톤 단일 광체가 고질과 저질(低質)이 부존하여 국토 전체 40 지역에서 67 지역에 나타나는 지질학적으로 크롬생성 정의를 모두 갖춘 국가이다. 현재는 주 생산이 버사 지역, 마스마라(Masmara) 바다의 남쪽, 무글라(Mugla) 남서쪽 지역으로 한정되었다.

광산중에 제일 큰 정부가 운영하는 광산은 거의 금속 제철용 크롬광을 생

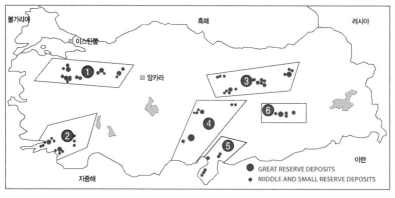

광상지역 ▲ ① Bursa ② Fethiye ③ Sivas ④ Mersin ⑤ Iskendern ⑥ Guleman

산하고, 다른 공정 처리가 필요한 화학용, 내화용은 소량이다. 연간 생산이 85만 톤에서 국내 소비가 53만 톤으로 두 곳의 금속(Ferro) 플랜트와 화학 플랜트로 운송된다. 확정된 매장량이 3,100만 톤에 육박하지만, 아직도 저품위는 2억 톤으로 추정하며 정밀탐광을 계획하고 있다.

2) 생산 품위(Quality of Products)

생산 품위는 〈표 3-7〉과 같다.

〈표 3-7〉 생산 품위

성분	괴광(Lump Ore)	정광(Concentrate) Plus 10 mesh
Cr_2O_3	40% Min~50% Max	41% Min~52% Max
SiO_2	3% Max~5% Max	4% Max
Al_2O_3	±20%~12%	±20%
MgO	±18%	±18%
CaO	±0.3%	±0.3%
Fe	±10%	±10%

3.4 핀란드(Finland)

1) 현황

핀란드 크롬광은 유럽연합국가에서는 유일하게 생산되는 광물이다. 1959

년 크롬광체가 북유럽에서 어느 아마추어 다이버(Diver)에 의해 우연히 발견되어, 광업이 고도로 발달한 기반으로 1966년부터 보스니아(Bothnia)만의 북부 해안 케미(Kemi) 지역에 소도시 북쪽에서 크롬광산을 개발하여 생산을 시작하였다.

크롬광상은 세계적으로 이름난 스트라티폼 타입의 하나인 케미(Kemi Complex)광상의 광체는 페그마타이트 화강암 단층지괴(Massif)와 대단위 편암(Schist) 사이에 층상으로 된 심성암 내지 초심성암질 관입암층을 수반한 초기 원생대(Proterozoic)에 감람석질과 휘석질 충적층에 크롬층으로 생성된 광체는 관입암의 아랫부분이다.

광체가 대단위로 경사가 거의 수직, 두께는 40m에 연장이 약 1km가 되는데, 수직의 연장은 아직 불분명하다. 확정된 매장량이 41백만 톤에 연간 평균 원광석(Run of Mine) 생산은 200만 톤이 넘으며 품위는 26%이다.

그러나, 핀란드의 기존 인프라 확충으로 광산의 기계식 채광, 자동 운반, 파쇄, 선광이 구조적으로 발달하여 크롬광석 생산 실수율 OMS(One Man Shift)가 세계에서 제일 높다. 채광은 2005년까지 노천(Open Pits)으로 약 200m까지 깊이 내려가고, 그 후로는 지하로 수갱(Shaft Sinking)을 건설하여 사갱(斜坑)과 병행하여 갱내 폐석 충전(Cut & Fill)법으로 생산한 원광을 1차 파쇄하여 침전과 부유(Sink & Float) 방법으로 분리하여 입도를 12~100mm, 볼밀(Ball Mill)로 분쇄하고 연속적으로 나선형 선별기로 분리하여 최종 정광 생산은 비중 선광 및 자석 선광으로 특정한 광석에는 일부 부유 선광을 병행한다.

그 결과 원광석 26%가 괴광(Lump) 35%와 미립(Fine) 45%의 정광이 된다. 성분 분석 품위에 따라 야금용, 화학용, 주물용 등으로 용도가 구분된다.

핀란드 크롬광산의 선진 기술계통(Hightech of Mining)의 조건은 다음과 같다.

① 안전한 지하 배수시설 구축
② 막장 작업 능률향상, 광부 건강 증진과 안전을 위한 환기, 배기시설 확충
③ 전력화, 자동화
④ 지하 전 구간 통신망 구축

핀란드 크롬광은 북유럽에서 유일한 생산국으로 스칸디나비아 국가와 동유럽에 공급한다.

2) 생산 용도별 품위(Quality of Uses)

생산 용도별 품위는 〈표 3-8〉과 같다.

〈표 3-8〉 생산 품위

화학성분	야금용	화학용	주물용
Cr_2O_3	48%	46.0%	46.0%
SiO_2		2.1%	1.5%
Al_2O_3		13.8%	14%
MgO		10.3%	10%
FeO	26%	25.6%	25.5%
CaO		0.14%	0.1%
Cr : Fe	1.6	1.55	AFC 60~70
Size(mesh)	12~100mm		

3.5 오만(Oman)

1) 현황

다른 광석(구리)을 탐사 시추하던 중 1971년 크롬광체가 발견되어 술탄 (Sultan) 왕국의 지원 아래 1991년 국영 오만 크롬광산 회사를 설립하고 전량 금속용으로 생산 수출하던 중, 지질학적으로 일부 심한 단층 지역 에 광상이 연속성이 크지 않은 가사비(Gashabi) 초염기성 광체가 포디폼 (Podiform) 형태로 두나이트(Dunite) 안에 주상, 층상, 렌즈상의 광체가

발달하여 가격이 좋은 내화용으로 판단하고 분리 생산을 하고 있다. 전체 매장량은 1,300만 톤으로 추정, 확정 광량은 500만 톤이다.

오만왕국 크롬광상 지역

2) 생산 품위(Quality of Products)

생산 품위는 〈표 3-9〉와 같다.

〈표 3-9〉 생산 품위

화학성분	품위	용도
Cr₂O₃	36~45%	야금, 내화
SiO₂	3.5~7%	
Al₂O₃	13~20%	내화
Fe₂O₃	17~22%	야금, 내화
MgO	16~20%	
Size(mesh)	Hard lumpy ore	

3.6 러시아(Russia)

1) 현황

러시아 크롬광은 16세기 후반 우랄(Urals)산맥에서 처음 발견된 이래, 거의 100년이 지난 후 크롬광상이 있는 오지에 철도가 연결될 때까지 본격적인 광산 개발을 기다려야 했다. 1930년대 세계 대전의 영향으로 군수산업과 전략물자 확보 경쟁으로 5만~10만 톤의 생산은 세계 제일의 생산국과 수출국으로서 러시아 연방이 형성되었다. 1980년대까지는 상당히 안정적으로 연간 250만 톤 생산량 중 70%는 국내에서 소비하고, 비상용으로 비축(備蓄)하였다. 1983년에는 시장경제의 서방세계에 약 40만 톤 수출은 외화획득과 사회주의 건설 계획에서 우선순위로 했다.

그러나, 모든 크롬광 생산은 사실상 우랄 복합체 광상(Urals Chromite Complex) 초심성암 단층지괴(地塊)에 집중적으로만 개발·생산하였다. 특히 사라노브스크(Saranovsk)크롬 광산에서는 저품위와 고품위가 혼재하여 내화용에서 화학용을 주로 생산하였다. 크롬타우(Khromtau) 지역의 돈스코에(Donskoye) 광산은 국가의 표준이 되는 금속용 고질 크롬광을 생산했다. 러시아 연방 해체 후, 연방은 독립국가로서 많은 크롬광을 생산하지만, 현재는 광활한 지역 최북단 무르만스크(Murmansk) 동쪽 몬

체고르스크(Monchegorsk) 지역과 흑해 연안 동쪽 뷔르코브스키(Byru-kovsky) 지역은 스트라티폼 광상과 포디폼 광상이 교대하여, 높은 알루미늄과 마그네시아(MgO)는 내화용으로, 높은 철분과 고질 크롬(49~52%)의 광체는 두께가 0.5~4m이며 연장이 4~6m로서 야금용과 화학용으로 적합하다.

2) 생산 용도별 품위(Quality of uses)
생산 용도별 품위는 〈표 3-10〉과 같다.

〈표 3-10〉 생산 용도별 품위

화학성분	야금용	화학용	내화용
Cr_2O_3	49%~52%	45%	35%
SiO_2		8%	6%
Fe	26%	16%	13%
Al_2O_3			24%
MgO		10%	
Cr : Fe	1.45~1.87		

3.7 인도(India)

1) 현황

인도 크롬광은 1907년 인도 남동부 하산(Hassan)에서 발견되어 9년이 지나서 노천으로 채광을 하면서 크롬광상을 찾아 1957년부터 본격적으로 바이라분(Byrapurn) 광산이 지하터널 채광으로 생산을 하였다.

크롬광상은 초염기성, 염기성 녹암으로 현저하게 형성된 전캄브리안(Pre-Cambrian)기 녹암 지층이 수반된 사문암질(Serpentinised Peridotite) 감람석과 두나이트(Dunite)에 크롬광체가 배태한다.

1984년 58만 4천 톤을 생산하여 국내소비와 해외에 26만 톤을 이미 여러 해를 거쳐 수출하여, 크롬광의 높은 품질이 해외에 선전되었다. 노천 채광은 비교적 단순하였지만, 생산 과잉으로 채광 심도 증가와 지하수 처리 문제의 과도한 부담으로, 현재는 중장비가 많이 투입되었다.

크롬광 생산이 점차적 증가에서 급신장한 것은 무엇보다, 1942년 볼라누아사(Boula-Nuashai) 복합체 크롬광상 발견 개발은 서쪽 오리싸(Orissa) 스킨다(Sukinda) 계곡에 스트라티폼 광체와 연결되어 인도 전체 매장량

1억 86백만 톤의 90% 이상의 매장량이 이곳에 있어, 큰 광산이 집약적으로 생산한다. 더욱이 국내 금속제련산업이 발달하여 자체 소비가 많고, 생산 인적자원이 풍부하여 현재는 연간 3백만 톤의 고질 크롬광으로 야금 제철용, 화학용, 내화용을 생산 수출한다.

2) 생산 용도별 품위(Quality of uses)
생산 용도별 품위는 〈표 3-11〉과 같다.

〈표 3-11〉 생산 용도별 품위

화학성분	야금용	화학용	내화용
Cr_2O_3	46%~55%	40%~46%	32%~35%
SiO_2			3%~6%
Al_2O_3			22%~24%
MgO	10%	11%	2~2.5
Cr : Fe	2 이상	1.5~2%	

인도는 전체적으로 크롬광상이 7개 지역으로 분산되어 있다.

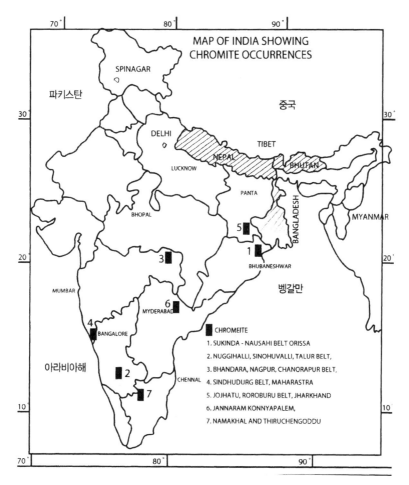

인도 크롬광 산출지역

3.8 브라질(Brazil)

1) 현황

브라질 크롬광은 남미에서 유일하게 매장되어 세계 생산에서 아홉 번째 서열로 전체의 2%를 차지한다. 1970년에 처음으로 크롬광 생산을 시작하여 꾸준하고 안정되게 증가하여 1979년에 감소하는 듯했으나 1983년은 30만 톤으로 전량을 국내에서 소비했다.

살바도(Salvador)에서 북서쪽으로 400Km 지점에 있는 캄포퍼모소(Campo Formoso) 스트라티폼(Stratiform) 크롬광상의 관입암은 자크리치(Jacurici Complex) 복합체의 일부분으로 고원생대 시기(Paleoproterozoic)에 평편한 판상 화성암으로 생성하여 약 4km 연장에 폭이 100~1,100m로 7개 정도의 크롬광 층의 두께가 10m 이상이다. 이 크롬광체는 브라질에서 가장 커서 연간 생산량의 80% 이상을 차지한다. 크롬광체의 품위는 관입된 층에 따라 고질 크롬 44% 이상에서 42% 이하로 대별하며, 또한 철분, 알루미늄과 규산 함유량에 따라 금속용, 화학용, 주물용으로 분류한다. 그러나 브라질에서 크롬광의 지질학적으로 크게 세 지역으로 나누어 설명한다.

첫째, 바쿠리(Bacuri Complex) 복합체 지역은 아마존 분화구에 바쿠리 심성암, 초심성함 광체의 두께가 정연하게 30~120m로 제한되어 있다.

둘째, 니케란디아(Niquelandia Complex) 복합체는 브라질 중앙에 층상으로 된 관입암 사이에 낀 하즈버자이트(Harzburgite)와 두나이트로 주로 형성된 초염기성 지역에 두께가 4km까지도 된다.

셋째, 이푸에라 메드라도(Ipueira-Medrado) 관입암상 암체의 길이가 7km, 폭이 0.5km 상위 염기성 지역과 바닥에 초염기성 암의 두께 250m 이지만 다른 두 곳과는 크롬 응결이 다르며 질이 떨어진다.

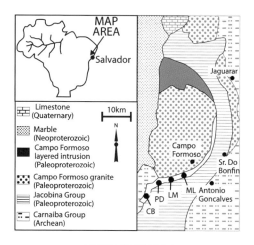

브라질 크롬광상 분포

2) 생산 품위(Quality of Uses)

생산 품위는 〈표 3-12〉와 같다.

〈표 3-12〉 생산 용도별 품위

화학성분	야금용	화학용	내화용
Cr_2O_3	47%~49%	45%	34%
FeO	18%~19%		
SiO_2			3% Max

3.9 알바니아(Albania)

1) 현황

알바니아 크롬광은 1937년에 발견된 이래 생산에 돌입하여 1960년대는 안정적으로 연간 약 90만 톤으로 세계에서 세 번째가 되었다. 그러나 국가의 고립주의 정책으로 얼마 동안 생산통계 통제로 소원하다가 현재는 크롬광 생산이 활발하여 외국과의 거래가 활발하다.

크롬광상은 Hazbergite 변형지역 경계 500~800m 하부에 생성된다. 쌓여 있는 두나이트(Dunite)와 지각구조 Hazburgite 사이의 변형지역에만 한정되어있는 전체적으로 포디폼(Podiform) 형으로 대부분 두 가지로 높은 크롬성분과 마그네슘, 낮은 크롬과 높은 알루미늄 성분이 배태한다.

현재 매장량은 3,300만 톤으로 크롬성분 30% 이상이 13백만 톤에 이른
다. 생산되는 Cr_2O_3 15%~50%으로 광범위하다.

2) 생산 품위(Quality of Products)
생산 품위는 〈표 3-13〉과 같다.

〈표 3-13〉 생산 품위

화학성분	원광석	정광	야금용	내화용
Cr_2O_3	40%	50% Min	50%	35%
Al_2O_3				25%
MgO	30%		3% Max	
Cr : Fe		3:1		
Price (단가)	$360~$600/ton/FOB(2007년도)			

3.10 쿠바(Cuba)

1) 현황

쿠바 크롬광은 일찍이 19세기 말에 발견되어, 1909년에 광산개발생산을

시작하여, 2차 세계대전 중에는 최적조건에서 크롬광 생산이 세계 전체의 15%를 차지하는 연간 23만 3,600톤을 생산했으나, 전쟁 후에는 다른 나라의 고질 크롬광에 밀리고 갑작스럽게 광량이 고갈되며 생산이 크게 위축되어 1984년 생산량은 38,000톤이 되었다.

쿠바 섬의 지리적인 축(軸)에 평행으로 1,000km 이상 영장된 Ophiolite 벨트의 광상 복합체는 7개의 지역으로 나누어져 있다. 카잘바나(Cajal-bana), 마탄자스(Matanzas), 산타클라라(Santa Clara), 카마구에이(Cama-guey), 홀구인(Holguin), 마야리(Mayari), 모아바라코아(Moa Baracoa) 초염기성과 연관 있는 암석의 여러 폭이 10~50km에 몇 개의 큰 단층지괴들로 구성하는 불연속적인 포디폼 형으로 나타난다. 현재 생산량은 연간 18만 톤이다.

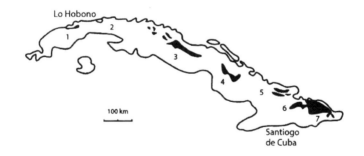

쿠바 크롬광상 지역(Complex of the Cuban ophiolite belt)
▲ ① Cajálbana ② Matanzas ③ Santa Clara ④ Camagúey ⑤ Holguín ⑥ Mayarí ⑦ Mao–Baracoa

2) 생산 품위(Quality of Uses)

생산 품위는 〈표 3-14〉와 같다.

〈표 3-14〉 쿠바 크롬광 생산 품위(Quality of Uses)

화학성분	야금용	주물용	내화용
Cr_2O_3	50%~54%	45%	34%~37%
Al_2O_3	15%~18%		27%~31%
FeO	16%~17%		16%
SiO_2			4%
MgO	11%~17%		
Cr : Fe	2.6:1		

3.11 짐바브웨(Zimbabwe)

1) 현황

남아프리카 짐바브웨 크롬광은 1867년 독일 탐험가 칼 마우츠(Karl Mauch)가 버려진 돌에서 발견하였지만, 1918년까지는 크롬 부광대(Great Dyke)를 몰랐다. 광물을 함유한 큰 맥은 북에서 남으로 약 550Km 길이에 폭이 2~11km나 되는 대단히 큰 다이크(岩脈)가 아니라, Lopolitic 층을 이룬 초염기성 관입암이 짐바브웨를 관통한다.

모두 관입암상(貫入岩床) 또는 판상(Sheet Forms)으로 나타난다. 거의 광체는 스트라티폼 크롬광상이고, 남쪽 세룩케(Selukwe)와 벨링게(Belingwe) 지역은 포디폼 광상이 나타나는 특이한 부광대다. 크롬광 매장량이 1억 4천만 톤이고, 강도가 좋은 괴광을 매년 평균으로 70만 톤 이상 고질의 크롬광을 생산한다.

광물의 허브(Hub)라는 이 나라는 내륙국가로서, 광석 운반비 상승 때문에 많은 투자를 하여 양질의 크롬광을 1차 가공하는 제련소, 합금공장을

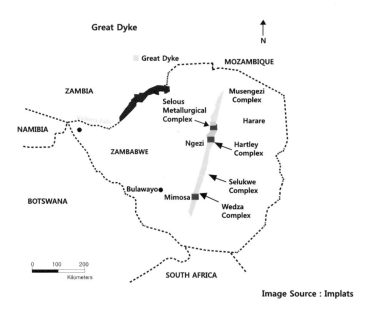

Image Source : Implats

짐바브웨 크롬광상 분포

건설 운영하여 원광석 수출은 통제한다. 특히, 강과 하천이 많아 채광에서 오는 환경 훼손 복구에 제도적으로 도급제(Tribute System)를 시행하여 막장 생산에서 폐석 처리까지 하여 강을 보호하여 우기 때 범람이 없도록 하여 군소 광산도 연중 생산에 기복이 없다.

   2) 화학성분

짐바브웨 크롬광 화학성분은 〈표 3-15〉와 같다.

〈표 3-15〉 짐바브웨 크롬광 화학성분(%)

Deposit	FeO	Cr₂O₃	Cr/Fe	MnO	Reference
Great Dyke	19.1~23.0	51.7~53.9	2.16~2.38	NA	23
Mount Claims	26.5	41.6	1.52	0.89	24

NA=Not Available / Total Iron as FeO

3.12 파키스탄(Pakistan)

   1) 현황

파키스탄 크롬광은 1901년 베르덴버그(Verdenburg)가 조브 (Zhob)에서 발견하고. 1903년에 카노자이(Khanozai) 지역에서 처음으로 채광하였다.

크롬광상은 Ophiolite 암석을 수반하는 포디폼 형으로 불규칙하게 두나이트(Dunite)에서 나타난다. Ophiolitic 복합체는 주로 주라기(Jurassic) 층상 단층판과 백악기 퇴적암 사이에 섞여 있고 지각 구조상으로 쪼개진 양면이 볼록한 렌즈상 모양의 광체들로 절충되어 있다.

일부 치라스(Chilas Complex) 복합체에서는 스트라티폼의 광체는 300Km 넓게 화성암 노두(Outcrop)에 분포한다. 현재 생산은 연평균 26만 톤으로 서부 카노자이 지역에서 대부분 채광한다.

2) 지역별 품위(Area Quality)
크롬광 품위는 〈표 3-16〉과 같다.

〈표 3-16〉 지역별 품위

지역명	화학성분(Cr_2O_3)	Cr : Fe	용도
나에바(Naweoba)	37%~47%	2.1:1	내화용
나사이(Nasai)	39%~49%	2.6:1	내화용
카노자이(Kanozai)	49%~53%	2.7:1~3.5:1	야금용
장&가르(Jang & Ghar)	48%~57%	3:1~3.7:1	야금용
사프라이(Saplai)	44%~53%	3:1	화학. 야금용

파키스탄의 크롬광 분포는 대체로 산림이 없는 고지대에 광상(鑛床) 특정상 광범위하게 흩어져 있는 품질은 고질이며, 인프라의 낙후로 집약적

인 대량 생산은 시기적으로 이르다.

대부분 내화용 사용으로 채광은 노천이나 영세 터널 작업으로 생산하여, 운반은 높고 가파른 산악 지형에 진입도로 건설이 미약하여, 적합한 인력이나, 당나귀 같은 영세한 이동 수단으로 일차적인 저지대에 적치 하였다가 트럭 운반으로, 이 나라 대표적인 해안 도시 카라치(Karachi) 근교에 종합 파쇄, 선광 시설에서 실수요자 요구에 맞는 정광을 생산한다.

파키스탄 크롬광 분포 지도

인력에 의한 광석 운반(1997년)

3.13 중국(China)

1) 현황

중국 크롬광 매장량은 잠재적으로 매우 크지만, 지리적, 정치적, 환경 훼손 등 여러 이유 때문에 아주 제한적이다. 대부분의 크롬광상은 티벳(Tibet), 신장(Xinjiang), 내몽고(Inner Mongoria) 지역에서 발견되었다. 지질구조는 고생대와 중생대 Ophiolite Belt와 대륙 관입으로 발달된 주로 포디폼 광상에서 판상이나 볼록하게 불규칙한 모양의 광체가 두나이트(Dunite)를 수반한 Harzburgite를 모암으로 또는 일부의 광체가 규칙적인 스트라티폼 광상으로 판명되어 장기적 생산이 기대되는 광대한 지역으로 아프리카의 The Bushvel이나 Great Dyke와 같은 대규모 크롬광상은 아직 발견되지 않았다.

현재 생산은 여러 장애인 국제 정치적 지역분쟁 야기 등으로 비교적 아주 적은 국내소비로 내화용 크롬광을 신강성 오지에서 제한적으로 생산한다, 또한 양적으로 많이 필요한 금속용 크롬광의 자체 생산(2005년 10만 톤)보다는 정책적으로 수입에 의존한다.

중국은 많은 수력발전으로 인한 전력비가 저렴한 게 장점이다. 따라서 일찍이 전기로(爐)에 의한 크롬 야금 산업이 급속히 발달하여 크롬광 수입이 세계 제일로 2007년에는 700만 톤을 아프리카, 인도, 카자키스탄, 필리핀 등지에서 꾸준히 수입하는 야금용 크롬광 최대 소비국가이다.

2) 생산 품위(Refractory Quality)
내화용 크롬광 생산 품위는 〈표 3-17〉과 같다.

〈표 3-17〉 내화용 크롬광 생산 품위(Refractory Quality)

화학성분	내화용
Cr_2O_3	30%~35%
Al_2O_3	13%~15%
SiO_2	3.5%~7%
FeO	14%
Size	Made order basis

3.14 이란(Iran)

1) 현황

이란은 1940년대에 고품질의 금속용 크롬광을 많이 생산했지만 석유 산업 개발에 밀려 크게 위축되었다. 현재 생산량은 연간 30만 톤으로, 북서쪽 Khoy Ophiolite Complex의 포디폼광상의 광체는 거의 금속용으로 수출한다. 〈표 3-18〉은 이란의 크롬광상 매장량을 나타낸다.

〈표 3−18〉 Major Chromits Deposits of Iran

단위: 톤

Name of Mine	Location	Proved Reserve	Probable Reserve
Esfandaqa	Bāft-Kerman	500,000	1,000,000~2,000,000
Fāryāb	147Km north of Bander Abbās	-	2,000,000~3,000,000
Forumad-Gafe	Sabzevār	-	200,000
Arzu	Hormozgān	700,000	>1,000,000
Darra Bid, Darra Parand	Sabzevār	-	200,000
Sefid Āba	Zābol	-	>1,000,000

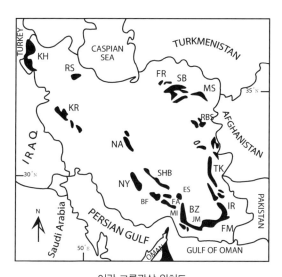

이란 크롬광상 위치도

▲ ① Faryab ② Estandaga ③ Makran ④ Kas−nehbandan Belt ⑤ Sabzevar ⑥ Neyriz

2) 생산 품위(Quality of Products)

이란의 크롬광 생산 품위는 〈표 3-19〉와 같다.

〈표 3-19〉 크롬광 생산 품위(Quality of Products)

성분	야금용	내화용
Cr_2O_3	46%	38%
FeO	22%	16%
Al_2O_3	15%	16%
SiO_2	9%	6~9%

수출(한국) 준비 크롬광

3.15 캐나다(Canada)

1) 현황

캐나다의 크롬광상 지역은 브리티쉬 콜롬비아(British Columbia) 남동 마
니토바(South Eastern Manitoba), 온타리오(Ontario), 퀘백(Quebec), 뉴
파운드랜드(New Foundland) 등지에 넓게 분포된 비교적 철분이 많은 저
질 크롬광체로 Epidote와 Serpintine을 포함하는 Cr_2O_3가 약 12%로 엄
청난 함유량이 추정되는 광물학적인 시험에 의하면 정광(精鑛)의 품위는
44%가 가능하여 또한 철분 21%로 Cr/Fe 비율이 1.5가 된다.

특히, 선광 다변화로 Jigging, Tabling, 자력 선광, 단체분리(單體分離)한 미분은 특수한 부유 선광(Floatation)으로 하여 실수율을 향상 시킬 수 있는 버드리버(Bird River)지역 광체 품위는 Cr_2O_3가 36~42%에 철분은 18%로 금속용 크롬광으로 적용이 된다. 많은 실험 결과로 얻어진 실수율 향상은 투자로 크롬광 연관 산업이 크게 기대되는 환경을 갖고 있다.

3.16 오스트레일리아(Australia)

1) 현황

호주의 크롬광상은 대륙 중앙과 서부의 일부 지역에서 층상 심성 관입암에서 또는 Phanerozic 시기의 초심성, 심성암 복합체의 타스마니아(Tas-manides)에서 발견되었다. 현재 쿠비나(Coobina) 지역 Pilbara Craton에서 생산하는 크롬광산은 사문암의 중간 층상으로 10km 길이의 Dyke 같은 광체는 포디폼 광상같이 불규칙하게 연결되지 않고 렌즈 모양으로 나타난다.

2) 생산 품위(Quality of Products)

오스트레일리아 지역별 탐광 크롬광 품위를 〈표 3-20〉에 정리하였다.

〈표 3-20〉 지역별 탐광 크롬광 품위(Area Quality)

지역	Cr₂O₃	Al₂O₃	FeO	SiO₂
록함푸톤(Rockhampton)	24~28%	17~23%	11%	11~15%
말보로(Mar Borough)	27.7%	21%	13.7%	11.5%
나인마일 크릭(Nine Mile Creek)	22~32%	24~33%	11~13.1%	2.0~14.8%
그렌 게데스(Glen Geddes)	33.6%	25.0%	13.2%	6.1%
고든브룩 벨트(Gordon Brook Belt)	37.7%	27.4%	11.7%	2.1%
구비나(Coobina)	43.5%	19.8%	11%	6.9%

호주 남부 크롬광상

3.17 뉴칼레도니아(New Caledonia)

1) 현황

백악기에 관입한 사문암(Serpentine)이 널리 분포되어, 그 속에 크롬과 니켈이 같이 포함되어 있다. 크롬광석은 비교적 신선한 사문암 속에 들어있으며 마그마 분화작용으로 생긴 광체이다. 1953년에 크롬광 연간 생산량이 12만 톤을 넘어 주변 지역에서 제일 많은 생산지였으나, 니켈 광산 개발 생산으로 인한 제한을 받아 1978년에는 8,000톤으로 감소하였다. 그 후 탐광 결과 티에바기(Tiebaghi) 단층지괴 초심성암을 수반한 잠재적인

뉴칼레도니아 지도

광체가 포디폼 광상으로 윤곽이 드러났다.

섬 수도 노우미아(Noumea) 서북쪽 해안 400km에 위치한 고지대에 광산을 새로 개발하여 연간 85,000톤의 금속용 고질과 일부 내화용 크롬광 정광 시설로 북쪽 대륙 국가에 수출 활로를 찾았다.

2) 생산 품위(Quality of Products)

뉴칼레도니아 크롬광 생산 품위는 〈표 3-21〉과 같다.

〈표 3-21〉 생산 품위(Quality of Products)

성분	야금용	내화용
Cr$_2$O$_3$	50~55%	38%
Al$_2$O$_3$	10.5%	20%
SiO$_2$		2.7%
Size	Fine~Lump	

3.18 파푸아뉴기니(Papua New Guinea)

1) 현황

일찍이 라므(Ramu) 강 유역에 크롬광 타당성 조사로 매장량이 8천만 톤 이상 1억 톤의 8~10% Cr$_2$O$_3$ 대규모 광상이 발견되었다. 대부분 충적광상(Alluvial Placer)으로 일부 금속용 고질은 연간 20만~40만 톤의

생산계획을 수립하였다. 이 크롬광 광상은 니켈 풍화 잔류 Laterite 니켈
(1.14%)-코발트(0.16%) 광상과 겹쳐 있는 6천 7백만 톤의 매장량을 갖
고 있다. 또한 전체 개발은 운반도로와 접안 부두 인프라 부족이 더 방해
를 하고 있다.

2) 생산 품위(Quality of Products)

파푸아뉴기니의 크롬광 생산 품위(Quality of Products)는 〈표 3-22〉와
같다.

〈표 3-22〉 생산 품위(Quality of Products)

성분	품위	용도
Cr_2O_3	55.4%	야금, 화학
Al_2O_3	10.2%	
FeO	24%	
MgO	8%	
Size	Friable	

4

크롬광 분류

Classification for Uses

광물로서의 크롬광은 $FeCr_2O_4$ 화학식을 갖지만 철분(Fe)을 대신하여 마그네슘(Mg)과 크롬(Cr)을 대신해서 알루미늄(Al)의 상당량을 함유하고 있는지 모른다. 이것은 화학원소를 넓게 변화를 주는 비율 안에서 $(Mg, Fe^{+2})(Cr, Al, Fe^{+3})_2 O_4$의 일반적인 화학식을 만든다.

화학적 치환 계획에서 정도에 따라 철(Fe)과 알루미늄(Al)이 크롬(Cr)의 상대적인 비율을 기초로 하여 크롬광의 새로운 분류를 정했다. 따라서, 크롬광은 높은 크롬이든, 높은 철분이든, 높은 알루미늄의 성분에 따라 전통적으로 실수요자(Enduser)들에 의해서, 아래와 같은 지질학적 생성과 물성의 기준으로 **야금용(Metallurgical)**,**화학용(Chemical)**, **내화용(Refractory)**, **주물용(Foundry)**으로 항상 분류되어 사용하고 있다.

크롬광 지질광상과 화학성분 사용의 분류는 〈표 4-1〉과 같다.

〈표 4-1〉 크롬광 지질 광상과 화학성분으로 사용 분류

품질	광상(Typical Deposits)	Cr₂O₃(%)	Cr : Fe 비율	용도
고질 Cr	Stratiform & Podiform	46~55	2:1	야금
고질 Fe	Stratiform	40~46	1.5~2:1	야금, 화학, 주물
고질 Al	Podiform	33~38	2~2.5:1	내화용
	Al₂O₃	22~34		

출처: US 지질조사 Circular 930~B(1986)

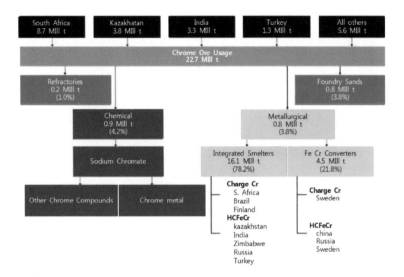

2012년도 국가별 생산 및 용도 통계(출처: ICDACr)

4.1 야금(Metallurgical)용 크롬광

4.1.1 개요

현재 크롬광 생산은 세계적으로 연간 2,900만 톤이다. 그중에 90% 이상
이 야금(冶金)용인 페로크롬(Ferrochrome), 비철금속, 산화 부식을 막는
스테인리스 강철(Stainless Steel), 방위산업의 특수강 등을 제조하는 가장
중요한 원료 광물이다.

야금용에 필요한 크롬광은 1차 제품을 만들기 위해 제련하기 때문에 Cr_2O_3의 품위가 높아야 하며, 구성하는 광물은 용해로 다른 조건이 없다. 원광석의 형태는 괴광이 필요하다. 그러나 많은 광석처리기술 AOD(아르곤 산소탈탄), Briqueting(분광을 조개탄 제조), Pelletisation(小粒化)의 개발로 인하여, 현재는 고질크롬광에 대한 장려(Premium) 제도가 완화되어 철분이 많든 또는 입상이 분광이든 크롬광의 소비가 매년 증가하였다. 그렇지만 크롬광 제련은 고온방식으로 효과적인 용융상태를 만들기 위해서는 기본적 품질의 정광 생산은 선광 공정이 필수적이다.

4.1.2 화학성분(Chemical) 규격

야금용 크롬정광(精鑛) 화학성분(Chemical)규격은 〈표 4-2〉와 같다.

〈표 4-2〉 야금용 크롬정광(精鑛) 화학성분(Chemical) 및 규격

화학성분	Low-carbon Ferro-chrome	High-carbon Ferro-chrome	Silico-Chrome	Charge Chrome
Cr_2O_3 (%) Min	48	48	48	44
FeO (%) Max	15	16	15	18
Al_2O_3 (%) Max	13	13	13	10
SiO_2 (%) Max	5	8	10	12
MgO (%) Max	14	16	14	12
CaO (%) Max	5	5	5	5
SO_3 (%) Min	0.1	0.1	0.1	0.14

(sulphur)				
P$_2$O$_5$ (%) Max	0.005	0.02	0.02	0.2
(phosphorus)				
Cr : Fe Min	3:1	2.8:1	3:1	1.6:1
MgO : Al$_2$O$_3$	-	1.2~1.4	-	-

4.1.3 정광 물성(Physical) 규격

크롬 정광 물성(Physical) 규격은 〈표 4-3〉과 같다.

〈표 4-3〉 크롬 정광 물성(Physical) 규격

물성	Low-carbon Ferro-chrome	High-carbon Ferro-chrome	Silico-Chrome	Charge Chrome
광석	분광(粉鑛)	괴광(塊鑛)	분, 괴광	괴광, 인공괴
겉보기 비중(g/cc)	2.1~2.25	1.85~2.2	2.1~2.25 1.8~2.2	1.75~2.0
입도(mm)	+2~-12 -	+12~-100 -	+2~+12 -12~-100	+12~-100 -

국제적으로 야금용 크롬광 소비가 급격히 증가하여 용해(熔解)에 최적인 정품(正品) 정광 외에 불순물이 혼입되더라도 용융에는 상관없는 저질(低質) 크롬광을 지역적으로 품위와 가격 등급을 별도 정하여 유통하고 있다.

〈표 4-4〉는 야금용 크롬광 구매 품질등급 가격을 나타내고 있다.

〈표 4–4〉 야금용 크롬광 구매가격(Price) 등급

Cr₂O₃ 등급	품위	비고
A(추정가 $200/ton)	47% Min	괴광(정품)
B	40% Min	괴광, 분광(Laterite)
C	35% Min	괴광
D	30% Min	괴광
E(추정가 $60/ton)	30% Max	분광(Tailing)

4.1.4 용도(Uses)

아래의 그림은 야금 크롬광의 용도를 나타내고 있다.

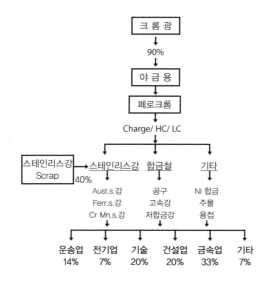

야금 크롬광 용도(출처: ICDA(2012)).

4.1.5 제조(Manufacture)

광석이 태초에 용융체 마그마(Magma) 상태에서 유동체의 분열(Liqua-tion) 현상처럼, 암장(Magma Chamber)과 같은 용광로에서 크롬광석이 온도의 변화에 Matte와 Slag로 분열하는 공정을 제련(Smelting)에 비유할 수 있다.

크롬광을 일반적으로 제련하여 주로 두 종류의 생산품은 용광로 공정상 상당히 다른 하나는 페로크롬(Ferro-Chrome)이고 또 하나는 금속크롬(Metallic Chrome)이다.

먼저, 크롬광($FeCr_2O_4$)을 페로크롬으로 생산하기 위해서 알루미늄(Al)이나 실리콘(Si)을 Aluminothermic 반응에서 Al 이나 탄소(C)를 환원하고 순수한 크롬을 생산하기 위해 배소(焙燒)와 여과(濾過) 두 공정에서 크롬에서 철(Fe)을 환원해야 한다.

1) 페로크롬(Ferro-Chrome)

철(Fe)과 크롬(Cr)으로 구성된 합금철(Ferroalloy)이고, 이것은 주로 탄소(C) 함량에 따라서, 만약 탄소가 0.5% 미만이면 저(低)탄소 페로크롬

(Low Carbon Ferrochrome)이라고 부르고, 탄소 함량이 5~8%이면 고(高) 탄소 페로크롬(High Carbon Ferrochrome)이라 한다. 기준 고탄소 페로 크롬(Standard High Carbon Ferrochrome)은 크롬(Cr) 함량이 65%이고, 만약 크롬 함량이 미달로 55~58%이면, 차지크롬(Charge Chrome)이라 고 부른다.

따라서 페로크롬에는 크게 세종류(High Carbon Ferrochrome, Low Carbon Ferrchrome, Charge chrome)가 있지만, 제조 방법은 크롬 정광이 주원료인데 제조 방법은 다소 차이가 있다.

(1) 고탄소 페로크롬(High Carbon Ferro-Chrome) 제조

합금강(Alloy Steel)에서 넓은 범위로 사용하며, 주물산업에도 필요하다. 특히 스테인리스강(Stainless Steel) 제조에 사용한다. 다음 그림은 페로크 롬의 제조 공정도를 나타낸다.

-크롬함유량 60~70%
-특수강(Special steel)제조 Ti, V, P, Si 등에 제한적인 Cr첨가
-Cr : C 비율 9 : 1
-Cr : Si 비율 >100 : 1

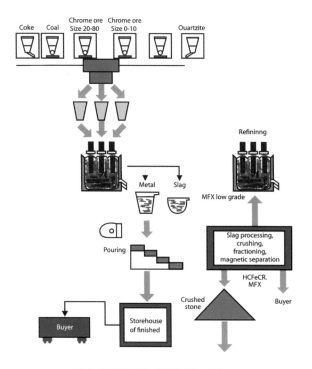

페로크롬 제조 공정도(출처: ICDA.Cr)

페로크롬(Ferrochrome)을 제조하기 위하여는 용광로에 크롬정광을 장입하기 전에 괴광, 미분광, 미립광의 형태를 처리 과정에서 비산(飛散)을 피하기 위해 미분광은 조개탄(Briquetting) 정도의 크기, 미립광은 알약크기(Pelletisation) 정도로 가공하여, 효율적으로 습식 교류전기 아크(Arc) 용광로에 투입한다.

크롬철 산화광을 환원하기 위해 탄소질 환원제로 석탄, 코크스. 석영암을 첨가하고 정확한 쇳물 찌꺼기(Slag)를 만들기 위해 융제(融劑)와 같이 제련한다. 용해 과정에서 집중적인 필요한 열량은 투입된 광석 톤당 4,000kwh까지 되며, 발생하는 온도는 섭씨 약 2,800℃이다. 전류는 3상(相) 교류로 전기 용광로는 3개의 원통 모양의 인상흑연 전극이 동일 간격으로 있고, 바닥에는 배출 구멍이 있는 내화재로 내장된 공간이다.

Cr 60%, High Carbon 페로크롬

특성은 비교적 광석 장입을 조절하기 쉽고, 발생한 가스 배기가 쉬워, 투과성이 있는 과다투입을 유지하기 위해 잘 분류되어 있다. 과다투입의 소비 비율을 결정하는 전력입력이 자동조절기능이 있다. 뜨겁게 상승하는 가스에 의해 과도한 장입을 약간 먼저 가열하거나 먼저 환원한다. 초기 고질탄소 페로크롬 생산에서 용광로에 투입되는 광석은 양질이며 괴광을 아프리카 짐바브웨에서 공급하였는데, 1970년대부터는 크롬광 수요가 증가하여 특히 남아프리카에서 다량으로 생산되는 저급 광석으로 생산을 시작하였다.

이미 정해진 규격의 고질탄소 페로크롬보다 크롬 함량이 적고 카본함량, 특히 크롬과 탄소 비율이 너무 많기 때문에 최고 탄소 페로크롬이라 하지 않고 Charge Chrome이라고 불렀다.

Cr 50%, Charge 크롬

(2) Charge 크롬

전적으로 스테인리스강(Stainless Steel) 제조에 사용되는 1차 용해 가공한 원료이다.

–크롬함유량: 50%~60%

–규소(Si)함유량: 3%~6%

–상기 사진과 같이 제품은 괴상(Bulk)이며, 대량 생산이다.

–Cr : C 비율 6.5 : 1

–Cr : S 비율 12 : 1

〈표 4-5〉 Charge 크롬 성분표

Product	Weight(kg)	% C	% Cr	% Si	% Fe	Shape	Comment
Charge Chrome	1000	7.5	54.0	3.1	34.5	Lump	Product for Reducing EAF-Practice
Low Si Charge Chrome	965	7.8	56.0	0.5	35.8	Lump	Good Product for Stainless Steelmaking
MC FeCr	903	1.4	59.8	0.6	38.2	Gran	Product Suitable for Foundry and Special Steel
Low Cr MC FeCr	1430	1.4	37.8	0.3	60.5	Liq	Suitable for Liquid Transfer and Storage
High Cr Low Si Charge Chrome(Start % Si=6.0)	1099	6.8	62.7	0.5	33.2	Lump	Excellent Product for Stainless Steelmaking

위의 〈표 4-5〉는 Charge 크롬성분을 나타내고 있으며, 〈표 4-6〉은 Charge 크롬의 제조국 현황을 나타내고 있다.

<표 4-6> Charge chrome 제조국 현황(2007)

단위: 톤

제조국	제조량
남아프리카	1,705,000
브라질	100,000
핀란드	125,000
스웨덴	50,000
합계	1,980,000

(3) 실리코 크롬(Silico Chrome)

페로크롬을 제조하는 전기로에서 생산되는 환원제(Reductant)로서 저탄
소 페로크롬 생산 공정의 가능한 탄소를 억제하는 중요한 역할과 슬라그
(Slag) 치환 또는 환원하는 작용으로 사용된다.

Cr 35%, Silico 크롬

<표 4-7>은 실리코 크롬(Silico Chrome) 성분을 나타내고 있다.

〈표 4-7〉실리코 크롬(Silico Chrome) 성분표

Brand	Size	Mass fraction, %, not more				
		Si	Cr	C	P	S
FeSiCr33	20~200, 5~150, 5~100, 5~50	30.0~37.0	≥40.0	0.9	0.03	0.02
FeSiCr33P		30.0~37.0	≥40.0	0.9	0.04	0.02
FeSiCr40		37.0~45.0	≥35.0	0.2	0.03	0.02
FeSiCr40P		37.0~45.0	≥35.0	0.2	0.05	0.02

(4) 저탄소 페로크롬(Low Carbon Ferro-Chrome)

저탄소 페로크롬은 똑같이 합금이지만 매우 적은 탄소량을 함유한다. 더 적은 탄소 함유를 위해, 완전히 다른 공정으로 생산한다. 고탄소 페로크롬을 생산하는 Carbothermic 탄소 환원 대신에, Silicothermic 규소 환원과 함께 산소를 환원하는 여러 공정 Perrin, Duplex, Simplex, Triplex, Fusion Process 가 있는데 그중 가장 인기가 있는 페린 공정은 아래의 그림과 같다.

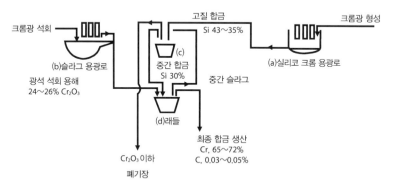

Perrin 공정 계통도(출처: ICDA)

이 공정은 습식 전기 아크 용광로에서 이미 용해된 크롬광석과 같이 래들(Ladle) 안에서 반응이 이루어진 것을 실리코 페로크롬(Silico Ferro-Chrome)이라고 이름을 붙인 액체 실리콘(Si) 합금이 생산되어, 바닥에 뚫린 구멍을 통하여 밖으로 나와 용기에서 굳어진다.

또한, 용융되었거나 고체로 생산된 실리코 페로크롬을 같은 용광로 안에서 다시 녹은 크롬광과 반응하기 위해, 새로 개발한 저탄소 페로크롬 생산 공정은 직류(DC) 전기로에서 중공(中空) 인상흑연 전극이 음극(-)만을 쓰는 단수로 전기적으로 내화 용광로 평로(平爐)를 양극(+)으로 하는 공정으로 석회(lime) 소비가 적게 들어가는 이점이 있으며, 크롬산화물 1% 미만 함유하는 슬라그(Slag)를 만든다. 슬라그는 건설자재나 충전재로 사용하게 입상(粒狀)이 만들어진다.

Cr 75%, Low carbon 페로크롬

(5) 페로크롬 특성(Properties)

페로크롬 특성(Properties)은 다음과 같다.

① 원자량(Atomic Mass): 52

② 밀도(Compound): 7.15g / cubic m

③ 용융점(Melting point): 1,900°C

④ 비등점(Boiling point): 2,642°C

⑤ 겉보기(Appearance): 작은 결정, 괴상, 입상, 분상

⑥ 색깔(Colour): 짙은 회색, 밝은 회색

⑦ 냄새(Odor): 없음

⑧ 용해성(Solubility): 물에는 녹지 않음

⑨ 가연성(combustibility): 먼지 입자는 발화성

(6) 각종 페로크롬 규격(Quality)

페로크롬 규격(Quality)은 〈표 4-8〉과 같다.

〈표 4-8〉 각종 페로크롬 규격(Quality)

성분(%)	크롬(Cr)	탄소(C)	규소(Si)	유황(S)	인(p)
저탄소 페로크롬 (Low carbon ferro-chrome)	65~75	0.05 Max	1.5 Max	0.05	0.05
고탄소 페로크롬 (High carbon ferro-chrome)	60~72	4~8	1.5~4	0.05	0.05

| 차지 크롬
(Charge chrome) | 50~60 | 6~8 | 3~6 | 0.05 Max | 0.05 Max |
| 실리코 크롬
(Silico chrome) | 35~41 | 0.05 Max | 39~45 Max | - | - |

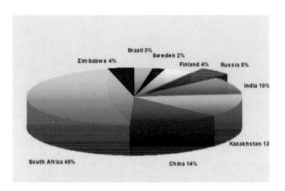

국가별 페로크롬 생산 비율(출처: Heinz(2007, 12))

(7) 페로크롬 주요제조국 현황(2007)

페로크롬 주요제조국 현황은 〈표 4-9〉와 같다.

〈표 4-9〉 페로크롬 주요제조국 현황(2007)

단위: 톤

High Carbon FeCr		Low Carbon FeCr	
중국	775,000	카자키스탄	680,000
러시아	50,000	러시아	75,000
인도	400,000	터키	43,000
짐바브웨	125,000	스웨덴	27,000
알바니아	10,000		
이란	10,000		
합계	1,370,000		825,000

2) 스테인리스 강철(Stainless Steel)

(1) 개요

크롬광은 스테인리스강(Stainless Steel)제조 공업에 있어서 가장 중요하고 없어서는 안 되는 광물로서, 그 강철에 10~30%의 크롬이 함유되어 있다. 특성이 낮은 탄소 함량과 철을 강하게 하고, 더불어 뛰어난 내식성(耐蝕性)과 고열(高熱)에 아주 강하기 때문에 녹이 슬지 않고, 쉽게 살균이 된다.

일상생활에서 사용하는 많은 물건 중에 일부분인데, 어느 경제학자는 GNP가 $2,500에 도달하면 자연히 스테인리스강 용품이 필요하게 되어, 세계적으로 1999년 평균 1인당 국가 스테인리스강 소비를 보면, 호주가 약 5kg, 프랑스 8kg, 일본이 13kg, 중국이 약 1.3kg 이었지만, 이 숫자는 급속히 늘어나고 있다.

50~60년 전에 우리가 스테인리스강을 제일 먼저 접했을 때는, 양식기(洋食器), 양수푼이라는 선진국 부엌살림 용품으로부터 병원, 치과용 기구에서, 지금은 그것과의 관계가 떨어질 수 없게 되어, 사용이 다변화되고 필수적으로 스테인리스강 생산이 증가하고 있다.

따라서, 크롬광 80% 이상의 소비가 스테인리스강철 제조 생산용으로 생활 환경의 향상으로 크롬광 생산도 꾸준히 늘어나는 추세다. 금세기 스테인리스강 출현은 금속공학의 꾸준한 연구의 성과로 제강 산업뿐만 아니라, 크롬광산 산업에 크게 이바지했다.

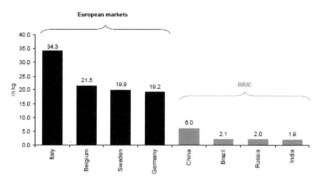

국가별 인구당 스텐리스강 소비 대비표(2007)

(2) 특성

대기나 물 등 대부분 환경 속에서 자연적으로 산화물 피막을 생성하고 그

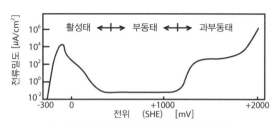

Fe-Cr 합금의 전위와 전류밀도 관계의 모식도

피막의 보호 때문에 부식되지 않는 상태를 크롬광과 스텐리스강이 갖고 있는 부동태(Passive State) 상태라 한다. 부동태의 원인이 되는 피막을 부동태막이라고 한다.

크롬광의 부동태에 의한 비교와 조건이 〈표 4-10〉에 정리되어 있다.

〈표 4-10〉 크롬광의 부동태에 의한 비교와 조건

광물	진한 황산 진한 질산	염산 묽은 황산	산성용액 (PH 3~5)	중성용액 염화물이온(無)	해수	알칼리성용액
크롬	부동태	부식	부동태	부동태	부동태	부동태
티탄	부동태	부식	부동태	부동태	부동태	부동태
스테인리스	부동태	부식	부동태	부동태	부동태	부동태
니켈	부식	내식성	내식성	부동태	부동태	부동태
철	부동태	부식	부식	부식	부식	부동태
구리	부식	안정	보호피막	보호피막	보호피막	보호피막
납	부식	부식	보호피막	보호피막	보호피막	부식
아연	부식	부식	부식	보호피막	보호피막	부식
알루미늄	부동태	부식	부식	부동태	부동태	부식

크롬(Cr) 첨가에 의한 스테인리스강의 내식성은 철(Fe) 자체가 본질적으로 녹기 어렵기 때문이 아니라, 표면에 소지(所持)와는 다른 물질을 형성시켜 그 보호 작용에 의존하는 성격이다.

표면 물질은 두께 수치 nm의 크롬산화물이다. 이 크롬산화물을 표면에 형성하기 위해서는 Fe 속에 고용(Solide Solution)되고 있는 Cr 원소를 표면에 농축시키는 재료 측의 요인과 산화 작용하는 환경 측의 요인이 필요하다. 이

양쪽의 작용으로 표층에 소지와는 조성과 구조가 다른 산화물이 형성되는
데, 그 산화물이 보호 작용을 갖는지 아닌지는 그 치밀함에 따라 정해진다.

또한, 스테인리스 성질의 발현을 한마디로 표현하면 표면에 어떻게 치밀
한 피막을 형성시켜 유지하느냐가 문제인데, 보호피막의 형성과 유지의
내용에서 강(鋼)의 부식 속도에 미치는 Cr 량의 영향에서 Cr 량이 많아지

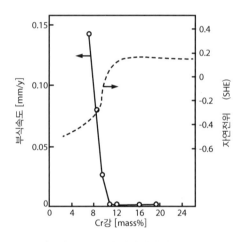

Fe–Cr 합금의 부식속도와 자연 변위에 미치는 Cr 강의 영향

면 부식속도는 감소하고, 10.5% 이하에서는 부식되어 없어진다.
이 스테인리스강을 정의하고 있는 최저 10.5%의 크롬량은 내식성이 우
수한 산화물 피막을 형성시킬 뿐만 아니라, 그 산화물이 파괴되어도 대기

중에서 빠르게 회복되는 능력을 가지는 양이다.

따라서, 크롬의 필요량을 변화하는데 대기가 주로 쓰이는 환경이므로 대기를 기준으로 하여 최저 Cr 량이 정의되고 있다. 여러 원소도 가능하지만, 그중에서도 Cr이 주로 사용되는 것은 단순하게 내식성 뿐 아니라 Fe와 Cr은 천연적으로 유사한 성질을 가지고 Fe의 우수한 가공성과 기계적 성질을 해치지 않고 내식성을 부여할 수 있는 이점을 겸해 갖추기 때문

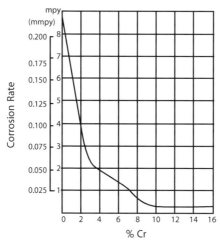

크롬함유량의 내식성(Corrosion) 효과(In Normal Atmosphere)

에 스테인리스강은 크롬(Cr) 함량에 따라 내식성, 내산화성 혹은 내표설(耐表屑)성이 크다.

고온 산화에 의해 생기는 표면의 산화물층인 Scaling 성장의 방물성 법칙은 탄소강과 Fe-Cr 합금에 대한 산화 스케일의 모식도에서와 같이 Fe-Cr 속에 Fe^{2+} 와 전자가 외측으로 이동하여 산화물이 성장하는데, Fe-Cr 합금에서는 표면에 밀착한 얇은 Cr_2O_3 층에 의해 산화물의 두께와 산화 시간 사이에 어떠한 방정식이 스케일 성장의 법칙으로 불린다.

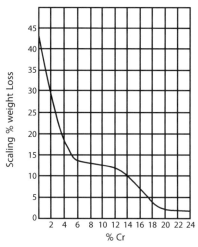

크롬함유량의 내표설성(Scaling) 효과(at 980℃)

크롬 함량과 결정체 구조 등 여러 특성을 기준으로 하여 생산된 스테인리스강의 분류는 일찍이 1902년과 1914년 서양 금속기술자(Metallurgist) 로버츠 오스텐(Roberts Austen), 아돌프 마르텐스(Adolf Martens)의 원리(原理)를 응용하여 기술적으로 분류, 그들의 이름을 특성 고유명사로 붙였다.

또한 스테인리스강 가계(家系) 틀 안에서 기존의 각 품질과 개발되는 품질을 구별하고 공동으로 실수요자을 위해 공동으로 일련번호를 만들었다.

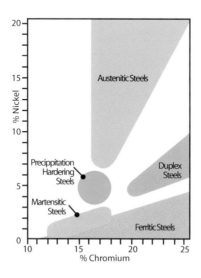

크롬-니켈 함량의 평형 상태도

(3) 제조

스테인리스강을 제조하는 원료는 직접 크롬광석이 아니라, 고열전기로에서 크롬정광을 1차 가공한 크롬합금(Charge Chrome, HCFerro-Chrome, LCFerro-Chrome), 철과 스테인리스강 스크랩(Scrap) 그리고 특수한 성질을 갖도록 니켈 등 여러 원소와 환원제, 융제가 첨가된다.

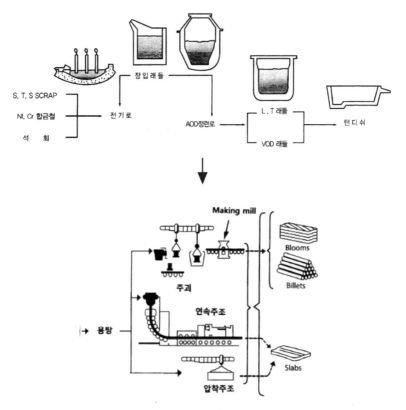

Making mill

주괴

Blooms

Billets

용탕

연속주조

Slabs

압착주조

스테인리스강 제조 공정도(출처: Posco 켐택)

스테인리스강철은 세상에서 가장 재생한(Recycled) 물건이다. 지금 사용
하는 스테인리스강의 80%가 새로 재생한 새로운 Stainlee Steel이다. 이것
이 재생될 때는 특성과 품질이 처음 것과 같다. 그래서 평균으로 새로운 스
테인리스강은 원료의 약 60%까지 재생한 원료(Used Stainless Steel, 古鐵)

스크랍(Scrap)을 사용한다. 실례로, 토쿰푸(Tokumpu) 회사의 생산 원료가 85%에서 90%까지 이러한 재생원료를 구입하여, 용광로에 투입 전에 철저한 기술적인 화학적 성분구성, 방사성 성분제거 등의 점검을 거친다.

래틀(Ladle)

생산 공정은 여러 단계로 전기로 용광로에 합금철(Ferrochrome, Charge Chrome), 스크랍을 용해하는 작업으로 우선 전기로 열을 섭씨 3,500°C 까지 올리고, 1,800°C에서 고철은 용해가 시작된다. 여러 환원, 융제를 추가하여 용해를 촉진하여 용융시킨 다음에는, 탄소 함량을 줄이기 위해 알르곤산소탈탄소 AOD(Argon Oxygen Decarburization) 전로(轉爐)에서 정련하는 과정에서 산소와 아르곤 기체의 혼합물을 용융상태의 철에 주입한다. 아르곤과 산소의 비율을 조절함으로써 탄소를 일산화탄소로 산화시키는 동시에 크롬을 산화시켜 없어지는 일이 없도록 탄소를 원하는 수준으로 제거하는 것이 가능하다. 과정에서 성분에 따라 니켈과 몰리브덴은 액상 페로크롬과 같이 전로에 추가로 투입한다.

스테인리스강 Blooms

특별히 아주 적은 탄소나 질소 함량이 필요할 때, 진공 산소 탈탄소 VOD(Vacuum Oxygen Decarburization)공정을 거친다. 또한, 품질 보증의 대부분 스테인리스강은 제2 금속 공정인 래들(Ladle) 로(爐)에서 액상철을 진공 처리로서 화학성분을 조정하는 최종단계과정이다. 연속 주철의 판상이나 괴상의 스테인리스강은 취급하기 쉬운 크기로 만든다.

스테인리스강 Billets

스테인리스강 Ingot

스테인리스강 Slab

(4) 종류 및 용도

페릭틱 스테인리스강(Ferritic Stainless Steels), 오스테닉틱 스테인리스강(Austenitic Stainless Steels), 듀플렉스 스테인리스강 (Duplex Stainless Steels), 마르텐시틱 스테인리스강(Martensitic Stainless Steels)의 크롬함유량을 ⟨표 4-11⟩, ⟨표 4-12⟩, ⟨표 4-13⟩, ⟨표 4-14⟩에 정리하였다.

⟨표 4-11⟩ 페릭틱 스테인리스강의 크롬함유량(Ferritic Stainless Steels)

규격번호	화학 성분(%)						
	크롬	니켈	탄소	망간	몰리브덴	기타	
409	11	-	0.06	1		티타늄	0.4
430	16.5	-	0.03	0.4			
430F	16.5	-	0.07	1		구리	0.25
439 F185	17.5	-	0.02	0.8	티타늄	니오븀	0.4
444 F18MS	18	-	0.02	0.8	티타늄	니오븀	0.4
Atlas CR12	11.5	0.35	0.025	0.5			

페릭틱 스테인리스강 제품

〈표 4-12〉 오스테닉틱 스테인리스강의 크롬함유량

구분번호	화학 성분(%)					
	크롬	니켈	탄소	망간	기타	
301	17	7	0.01	1		
302HQ	18	9	0.03	0.6	구리	3.5
303	18	9	0.06	1.8	규소	0.3
304	18.5	9	0.05	1.5		
304L	18.5	9	0.02	1.5		
308L	19.5	10.5	0.02	1		
309	23	13.5	0.05	1.5		
310	25	20	0.08	1.5		
316	17	11	0.05	1	몰리브덴	2
316L	17	11	0.02	1	몰리브덴	2
321	18	9	0.04	1	티타늄	0.5
347	18	9	0.04	1	미오비움	0.7
904	20	24	0.02	1	몰리브덴	4.5
					구리	1.5
253MA	21	11	0.08	0.6	질소	0.16
					세륨	0.06

오스테닉틱 스테인리스강 제품

크롬
Chromium

〈표 4-13〉 듀플렉스 스테인리스강의 크롬함유량(Duplex Stainless Steels)

규격번호	화학 성분(%)							
	크롬	니켈	탄소	망간	몰리브덴	니오븀	기타	
2304	23	3	0.02	0.8	0.3	0.15		
2205	23	5	0.02	0.8	3	0.17		
UR52N$^+$	25	7	0.02	0.8	3.5	0.25		
2507CU							구리	0.7
2507	25	6	0.02	0.8	3	0.27		

듀플렉스 스테인리스강 제품

〈표 4-14〉 마르텐시틱 스테인리스강의 크롬함유량(Martensitic Stainless Steels)

규격번호	화학 성분(%)				
	크롬	니켈	탄소	망간	기타
410	12	-	0.1	0.5	
416	12	-	0.12	0.1	
420	13	-	0.3	0.5	
431	15	2	0.2	0.6	
440C	17	-	1.0	0.5	

마르텐시틱 스테인리스강 제품

다음의 그림은 스테인리스강 용해생산현황을 나타내고 있다.

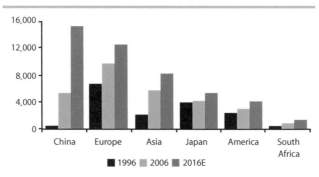

Stainless Steel Melting Productiom(출처: Heinz H. Pariser(2007)).

3) 크롬 금속(Chrome Metal)

(1) 개요

산업용 크롬(Chromium) 원소는 크롬금속, 페로크롬, 크롬화공약품 등을
각각 다른 장소나 공장에서 생산하는 데 사용하였지만, 최근 크롬제품을
생산하는 남아프리카, 핀란드, 짐바브웨, 인도 등지에서는 광산에서 채광
한 크롬광을 먼 곳으로 이동하지 않고 옆에서 연달아 처리 공정을 일관종
합 방식으로 대체로 내화용을 제외한 다른 제품 일체를 최종 스테인리스
강까지 한 곳에서 생산하는 추세가 되었다.

2010년도 통계에 의하면 세계적으로 순수한 크롬원소 물질을 생산하는
데 크롬광석이 연간 2,500만 톤 넘게 소비되었다. 결과로 700만 톤의 페
로크롬과 약 40,000톤의 순수한 크롬이 여러 공정에서 추출 생산되었는

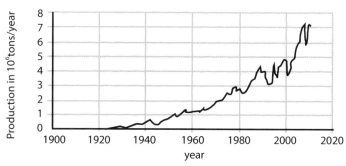

World production trend of chromium

데 크롬금속(Chrome Metal)의 순도 품위는 90%에서 99.6%이다.

(2) 특성(Chemical & Physical Properties)

크롬 금속의 특성은 다음과 같이 정리할 수 있다.

- 물성 상태(Physical State): 고체(Solid)
- 외형(Appearance): 은회색(Silver-Gray)
- 방향(Odour): 없음
- 증기압력(Vapour Pressure): 일어날 수 없음
- 증기밀도(Vapour Density): 없음
- 증발산(Evaporation): 적용 안 됨
- 비등점(Boiling Point): 2,640°C
- 용해점(Melting Point): 1,858°C
- 자연발화(Autoignition Temperature): 400°C
- 폭발한계점(Explosion Limits Lower): 0.0230 oz/ft^3
- 융해잠열(Latent Heat of Fusion): 258 to 283kJ/kg
- 기화잠열(Latent Heat of Vaporation): 6168kJ/kg
- 격자율(Lattice Constant): $2.8847 \cdot 10^{-6}$[m]
- 경도(Hardness) at 20°C: 180~250[HV 10]
- 탄성계수(Modulus of Elasticity): 294[GPa]
- 비중(Specific Gravity/Density): 7.2 @ 28C

(3) 용도

야금(冶金)용으로 주로 스테인리스강 제조에 사용하며, 또한 탄소강, 공구강, 고속도강, 내연강, 구조용강에 첨가되며, 제품의 강도, 내식성, 충격 저항안정, 내마모성 향상 기능을 갖는다.

비철합금용으로 사용하는 크롬은 철(Fe) 이외에 니켈(Ni), 코발트(Co), 알루미늄(Al), 티타늄(Ti) 등과 합금으로 산화방지, 내식성 물질구조의 재결정 작용을 통한 합금으로서의 특성을 향상시킨다.

(4) 제조

고체상으로 크롬원소를 얻는 데는 알루미늄환원법(Aluminothermic Reaction)에서 알루미늄에 의한 산화크롬의 환원은 상온에서 시작하면 금속과 슬래그(Slag)를 충분히 분리할 정도의 열을 발생시키지 않으므로 배합물을 약 600°C로 예열한 다음 반응 용기에 옮긴다. 알루미늄에 과산화바륨(BaO₂)을 배합한 것을 위에 적치하고 반응을 시킨다.

$$Cr_2O_3 + 2Al \rightarrow 2Cr + Al_2O_3$$

부족한 발열을 보충하기 위하여 예열하는 대신 산화제를 가하는 방법도 있다. 과산화 바륨을 사용하면 유황이 황화바륨으로 되어 슬라그가 제거

되므로 유황 함유량이 적은 크롬을 얻을 수 있다. 배합물을 예열한 다음, 옮겨진 반응(Reaction) 용기는 보통 강철 원통형으로 내장(Lining)은 중성이나 염기성 내화물로 만들어진 것을 이용한다. 또는 테르밋에서 생긴 부산물 Al슬라그도 내장재로 사용하여, 적은 탄소(C)량(0.015~0.02%)의 크롬을 얻는다.

또 고체 크롬을 추출하는 방법인 규소환원법(Silicothermic Reaction)은 실리콘에 의한 산화크롬의 환원은 알루미늄 환원법보다 발열량이 적으므로 마그네시아로 내장한 개방아크로(Open Arc electrolyte Furnace)에서 생산한다. 규소(Si)는 원자가가 크므로 Al보다 사용량이 적고 경제적으로 전력비가 저렴하면 규소환원법을 선택할 수 있다. 규산에 탄소를 배합하면 슬래그로 변한다.

테르밋 알루미늄, 규소, 탄소(Carbothermic Reaction) 환원법으로 만든 크롬은 여러 불순물 혼입을 방지할 수 없으므로 크롬을 기초로 하는 합금, Cermets(세라믹과 금속의 합성어로 고온용 재질로 탄화금속이나 질화 금속을 소결하여 만든 제품) 분말야금용의 크롬과 같은 고순도의 크롬을 필요로 하는 경우에는 전해법(Electrolytic Method)을 이용한다. 전기분해법에는 6가(Hexachrome)의 크롬산를 전해하는 방법과 3가의 크롬산 액체를 전해하는 방법이 있다.

크롬용액(CrO_3 : H_2SO_4=250 : 2.5)을 전해하면 O_2와 N_2가 적은 고순도의 크롬(O_2 0.01~0.02%, N_2 0.02%)이 얻어지고 이것을 수소환원 처리하면 한층 더 고순도의 연성크롬(O_2 0.005%, N_2 0.001%)이 된다.

그러나 크롬산이 고가이며 부식작용이 강하고 유독하며 전해 시에는 높은 전류 밀도가 필요하며 전류효율도 낮아(20~25%) 전력 소비량이 크다. 따라서 제련 시에는 단점이 적고 전력효율도 높으며, 같은 전력효율로서 전기 에너지가 반이 소요되는 3가 크롬염에서의 환원이 유리하다.

〈표 4-15는〉 크롬 금속(Chrome Metal) 생산법의 성분을 비교한 것이다.

〈표 4-15〉 크롬 금속(Chrome Metal) 생산법의 성분 비교

성분	Cr 생산 공정(%)	
	전해법(Electrolysis)	Al환원법(Aluminothermic)
Cr	99.50	99.40
Al	0.015	0.010
C	0.05	0.05
Fe	0.035	0.020
N	0.02	0.02
O	0.05	0.10
P	0.01	0.01
Si	0.04	0.10
S	0.01	0.01

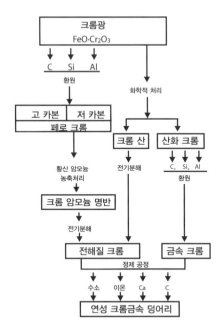

크롬금속 제조 Flow sheet

Cr Metal casting   순도 95% 크롬결정체

순도 99% 크롬

순도 99.99% 크롬

(5) 크롬 함량 및 제품 종류

크롬 함량 및 제품 종류는 아래와 같이 구분 및 정리할 수 있다.

- 크롬 도료(Coating)

  - 성분(Assay): 99.95%

  - 형태(Form): 굵은 모래(Grit)

  - 저항력(Resistivity): 12.7μΩ-cm, 20°C

  - 입자크기(Particle Size): 0.7~3.5mm

  - 용도: 페인트

- 크롬 불규칙 Chips

  -성분: 99.995%(Trace metal basis)

  -형태: 불규칙 조각(Chip)

  -저항력: 12.7$\mu\Omega$-cm, 20°C

  -비등점: 2672°C (lit)

  -용해점: 1857°C (lit)

  -비중: 7.14g/ml at 25°C (lit)

- 크롬 판형 Chips

  -성분: 99.5%

  -형태: 얇은 Chip

  -두께: 2mm

  -비등점: 2672°C

  -용해점: 1857°C

- 크롬 가루(Powder)

  -성분: 99.5%

  -형태: 가루형

  -입도: 100 mesh

  -비등점: 2672°C

-용해점: 1857°C

-용도: 용접봉, Cored Wire

- 크롬 미분(Very Fine)

    -성분: ≥99%(Trace Metal Basis)

    -형태: 미분

    -입도: 325 mesh

    -비등점: 2672°C

    -용해점: 1857°C

    -용도: Alumium Briquettes, Master Alloys

- 기타(Sputtering Target)

    -성분: 99.95%

    -크기: φ3 in. × Thickness 0.125 in. Trace metal basis

    -밀도: 7.14g/mL at 25°C(lit)

(6) 특수강

크롬함유량 특수강(Special Steel)의 종류는 〈표 4-16〉과 같이 비교 및 분류할 수 있다.

〈표 4-16〉 크롬함유량 특수강(Special Steel)의 종류

종류		크롬(%)	형태
KS D3753	합금공구강재	4.50~13.00	
KS D3522	고속도공구강재	3.80~4.50	공구강재
KS D3755	고온합금강볼트재	4.00~6.00%	
KS D3752	기계구조용탄소강재	≤0.2%	
KS D3724	기계구조용Mn-Cr강	≤0.35%	합금강재
KS D3705	니켈크롬강	0.50~0.90%	
KS D3702	크롬 강재	0.90~1.20%	
KS D3711	크롬몰리브덴강	0.90~1.50%	
KS D3709	크롬니켈몰리브덴강	0.40~1.00%	
KS D3754	경화능보증강구조강재	0.35~1.25%	
KS D3701	스프링강재	0.65~1.10%	
KS D3525	고탄소크롬베어링강재	0.90~1.60%	

크롬
Chromium

KS D3529	용접규조용내후성~ 열간압연강재	0.45~0.7%	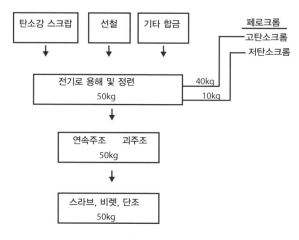
KS D3753	냉간금형용강	0.50~1.20%	
KS D3731	Martensite계	7.50~9.50%	
	Ferrite계	23.00~27.00%	
	Austenite계	14.00~16.00%	

```
┌──────────────┐  ┌────────┐  ┌────────────┐        페로크롬
│ 탄소강 스크랩 │  │ 선철   │  │ 기타 합금  │      ┌─ 고탄소크롬
└──────────────┘  └────────┘  └────────────┘      │  저탄소크롬
        ↓              ↓            ↓              │
┌────────────────────────────────────┐  40kg      │
│        전기로 용해 및 정련          │─────────────
│              50kg                   │  10kg
└────────────────────────────────────┘
                ↓
     ┌──────────────────────┐
     │  연속주조    괴주조   │
     │         50kg          │
     └──────────────────────┘
                ↓
     ┌──────────────────────┐
     │   스라브, 비렛, 단조  │
     │         50kg          │
     └──────────────────────┘
```

크롬 합금철 제조 Flow sheet

(7) 금속용 크롬 변동가격(2016)

금속용 크롬 변동가격은 아래와 같이 구분 및 정리할 수 있다.

- 페로크롬(Ferro-Chrome)

    -Charge Chrome(Cr: 50%): FOB.$0.85/Lb. = $2,200/ton

    -High Carbone Ferro(Cr: 60%): $1.02/Lb

    -Low Carbone Ferro(Cr: 70%): $2.25/Lb

- 크롬 금속(Metal Chrome)

    -Cr 순도 96%: $4.12/Lb = $10/kg

    -Cr 순도 99% Up

Chromium Metal Shiny Pieces 5 Grams 99.8% in Glass

(8) 생산과 소비 통계(2012년)

2012년 기준 생산과 소비 통계를 살펴보면 〈표 4-17〉과 같다.

〈표 4-17〉 생산과 소비 통계

단위: 톤

국가	페로크롬	크롬금속	스테인리스강 생산	스테인리스강 소비
중국*	1,490,000	15,000	2,500,000	3,520,000
브라질*	72,000	-	76,000	170,000
핀란드*	121,000	-	175,000	113,000
프랑스	-	10,000	51,000	50,000
독일	18,000	-	263,000	187,000
인도*	480,000	-	404,000	705,000
이탈리아	-	-	279,000	201,000
일본	11,000	1,000	584,000	403,000
한국	-	-	329,000	282,000
카자키스탄*	852,000	-	-	323,000
러시아*	353,000	25,000	30,000	274,000
남아연방*	1,880,000	-	91,000	-103,000
스페인	-	-	161,000	89,000
스웨덴	74,000	-	100,000	36,000
타이완	-	-	237,000	147,000
터키*	50,000	-	-	185,000
영국	-	8,000	57,000	34,000
미국	-	-	360,000	345,000
짐바브웨*	93,000	-	-	45,000

* 크롬광 생산국(U.S 조사보고서)

4.2 내화용 크롬광(Refractory Chromite)

1) 개요

크롬광을 최초의 내화물질로 적용한 것은, 1879년 프랑스에서 평로(平爐) 용광로(Open Hearth Steel Furnace)에 중간 층재(層材)로 1886년 전까지 사용하였다. 그 후에 영국에서 타르(Tar) 점결제를 사용하여 순수한 크롬광석을 주원료로 하는 불소성 크롬 벽돌을 처음으로 개발하여 내화목적으로 사용함으로써 본격적인 크롬(Cr) 내화벽돌 제조의 발판을 마련하였다. 크롬이 중성(中性, Neutral)이므로 염기성 제강로(製鋼爐)에서 산성(酸性)인 규석벽돌과 염기성(塩基性) 마그네시아 벽돌의 접촉으로 고온반응을 일으키는 것을 방지 위하여 양쪽 연와(煉瓦, Working Lining Brick) 사이에 사용했다.

Oxide		Melting point (°C)	Classification
Silica	SiO$_2$	1728	Acid refractory
Alumina	Al$_2$O$_3$	2010	Neutral refractory
Chrome	Cr$_2$O$_3$	2265	
Zirconia	ZrO$_2$	2670	
Lime	CaO	2614	Basic refractory
Magnesia	MgO	2800	

내화 광물의 화학성

그러나 20세기까지는 비철금속(非鐵金屬) 사용에만 적용되었다. 이후에 독일, 영국에서 새로운 철강 합금기술로 내화용 크롬광 소비가 1980년대 까지 전체 생산의 20%에 육박하였다.

2) 무기원료 구조

광물을 원료로 하는 무기재료는 광물특성의 상호 상승작용에 의하여 제품의 종류가 증가함에 따라 원료의 종류도 다변화되었다. 무기원료에서 Al_2O_3, Fe_2O_3, MgO, CaO을 함유하는 크롬광도 그중에 하나이다.

특히, Al_2O_3 함량이 많은 크롬광에서 20% 이상의 알루미나 성분만이 내화용으로 유용하게 사용하는 조건이다. 크롬광은 본질적으로 크롬철 산화광물 $(Mg, Fe^{+2})(Cr, Al, Fe^{+3})_2 O_4$로서 첨정석(尖晶石, $MgO \cdot Al_2O_3$) 스핀넬(Spinel)그룹에 속하며, Cr_2O_3, Al_2O_3, Fe_2O_3 등 원자가(原子價)가 같고 구조가 유사한 두 계열의 산화물이 서로 치환되고 있다. 이 스핀넬계 광물은 특성이 매우 안정하고, 일반적으로 용융점이 높기 때문에 내화물(耐火物)로 널리 이용되고 있다. 원료 자원(資源) 면에서 보면 크롬광 이외에는 천연적으로 산출되는 것이 없기 때문에 일찍부터 이 계열의 광물을 합성하여 이용하고자 하는 연구가 성행했다.

크롬광의 구조는 대단히 안정되고, 많은 조합이 가능하며, 이들 사이에 고용체(固溶體, Solid Solution) 즉, 두 종류의 물질을 혼합하여 용융시켰다가 이것을 냉각시킬 때 한쪽의 물질이 다른 물질 중에 용해된 대로 응고하여 전혀 그 물질의 성질을 나타내지 않으려는 특성의 물체를 만들기 용이하여 용융적으로도 중요한 광물이다.

특히, 크롬계(Picrochromite)와 내화성이 강한 알루미늄계(Spinal)의 스핀넬 화합물은 치환할 수 있는 정상구조로 되어 있어 내화물의 가치가 있는 크롬광을 원료로 하여, 형태 그대로를 구성광물인 Forsterite(고토감람석: $Mg_2 SiO_4$)를 이용한 내화물인데, 이것을 조성하는 스핀넬은 상당히 불안정함과 동시에 불순물로 존재하는 SiO_2가 저융점 화합물을 만드는 결점이 있다.

그러므로 MgO를 너무 많이 배합하여 소성(燒成)함으로써 스핀넬 고용 조성을 MgO가 많은 것으로 하고, FeO를 Fe_2O_3로 산화하여 $MgO(Cr, Fe, Al)_2O_3$ 조성의 것으로 함과 동시에 SiO_2를 $2MgO SiO_2$로서 고정시키는 방법으로 제조하는 크롬마그(Chromemagnecia) 또는 마그크롬(Magneciachrome) 내화물이 이와 대체 되었다.

〈표 4-18〉은 내화물의 크롬 함유량을 비교한 것이다.

<table>
<thead>
<tr><th>Brick Quality</th><th>Cr_2O_3(%)</th></tr>
</thead>
<tbody>
<tr><td>Magnesite-chrome brick</td><td><30</td></tr>
<tr><td>Chrome-magnesite brick</td><td>>30</td></tr>
<tr><td>Picrochromite</td><td>>75</td></tr>
</tbody>
</table>

〈표 4-18〉 내화물의 크롬 함유량 비교

3) 내화용 크롬광 특성

▪ 기공율(Apparent Porosity)

광석의 공극부분 용적과 전체용적을 백분율로 표시한 것이다. 이것으로 광석의 소성(燒成) 정도의 판정 혹은 급열, 급냉성 혹은 크고 작음에 의하여 원료의 입도를 조정하는 기초가 되는 내화물에서는 가장 중요한 요소다.

▪ 부피비중(Bulk Density)

광석의 비중은 일반적으로 기공율과 연계되어 있다. 주어진 용적의 중량 측정인데, 이것은 최종 생산의 품질의 표시를 나타낸다. 그래서 비중이 크고 연관 있는 기공율이 적은 것이 품질이 좋다. 비중의 증가는 슬라그 침투, 마모성 약화뿐만 아니라 열량과 용적의 안정이 향상된다.

- 작열감량(Ignition Loss)

내화 광물을 위시(爲始)하여 화학공업 원료의 화학성분을 표시할 때 꼭 사용되는 것이며, Ig.Loss라고 기재한다. 화학분석 중에 포함되어 있는 휘발성 물질이나 유기물을 조사하기 위하여 그 원료를 약 1,000°C 정도로 작열하였을 때의 중량감(重量減)을 말한다.

- 강도(Hardening)

내화 크롬광은 강도(强度)가 커야 하고, 채광 후에 자연적으로나, 취급(Hand Sorting) 시 부스러지지(Friable) 않아야 물성적(Physical Grade) 품질이 좋다. 또한 선광(Ore Dressing) 공정에서 조립(粗粒), 미립(微粒) 조절과 실수율 향상에 도움이 된다.

- 박락성(剝落性) 또는 스폴링(Spalling)

크롬광을 급격하게 가열하거나 냉각하면 파괴되거나 표면이 벗겨져 떨어져 나가는 현상은 거의 없다. 이것을 스폴링이라 하는데, 이에 대한 저항력이 강하여 내화성이 좋다.

- 가소성(可塑性, Plasticity)

물을 섞었을 때 충분한 점력(粘力)이 있고 마음대로 조형할 수 있는 성질이다.

크롬 벽돌의 열 팽창률은 〈표 4-19〉와 같다.

〈표 4-19〉 크롬 벽돌의 열 팽창률 at 1,000℃

Brick Quality	Thermal Expansion
Magnesia brick	1.4%
Magnesite-chrome brick	1.1%
chrome-magnesite brick	1.0%

- 팽창수축(Shrinkage of Expansion)

원료를 가열하면 그 온도의 가열에 대응하여 동질이형의 변태 현상이 생기며 용적의 팽창수축이 나타난다.

- 하중연화(荷重軟化)

요로재(窯爐材)로서 내화물을 사용 중 고온이 됨에 따라 연화한다. 예를 들면 로의 하부 연화는 상당한 하중을 받고 있다. 이 하중이 고온에 견딜 수 없게 되어 압궤(押) 됨으로써 손상의 원인이 된다.

4) 크롬 내화벽돌 용도

크롬 내화벽돌은 아래와 같은 용도로 사용된다.

① 제철, 제강 산업(Iron & Steel Making)

② 비철 금속 산업(Non-ferrors Metal)

③ 시멘트제조 산업(Rotary Kiln)

④ 유리제조 산업(Glass Production)

⑤ 석유화학 공업(Prochemical Production)

5) 크롬광 내화도

크롬광을 내화물로 이용하는 목적을, 다시 말하면, 철(Fe)을 어떤 그릇에 넣고 녹이고자 할 때 그릇이 철보다 먼저 녹아서는 안 되기 때문에 녹이는 그릇을 내화벽돌로 만들어, 내부의 철이 용해되더라도 그릇만은 녹지 않게 하는 것은, 내화성 연와의 중요한 역할의 원료이다. 그 고열(高熱)에도 녹기 어려운 크롬광이 일반적으로 고열을 견디어내는 것은, 열의 작용에 견디며 용적의 변화도 적고, 동시에 기계적 강도가 충분하여, 열의 급변에도 견디고 용융체(溶融體) 등의 침식 마멸 등에 저항성이 있는 것을 의미한다.

이러한 성질을 표현하는 방법으로 각 광물의 내화도(耐火度)라는 용어가 사용된다. 내화물은 고열에서 즉시 액체로 변이하는 것이 아니고 가열에 의하여 어떤 온도에 도달하면 일부에 용융체가 생기기 시작하여 서서히

강성(剛性)을 잃고 유연성을 띠며, 결국에는 자중에 견딜 수 없게 되어 유동하여 연화변형(軟化變形)을 일으키게 되어 끝에는 전부가 액체가 된다.

따라서, 내화도란 내화물을 형성하는 재료 크롬광의 연화변형온도(軟化變形溫度)를 가리키는 것을 측정하는 기준의 수치를 독일의 제게르(H. Seger)가 고안한 삼각추(錐)와 비교하는 방법이 사용되기 시작하였다.

제게르 추는 일정한 조건에서 가열하면 그 연화온도가 조금씩 달라지도록 만들어진 계통적인 추로서 각각 번호가 붙어있다. 여기서 내화도를 알고자 하는 시료(Sample)를 분말로 하여 표준 제게르 추와 같은 모양의 추를 만들어 함께 로(爐) 중에서 가열하면, 시료와 같은 상태에서 녹아 넘어지는 표준 추가 있다. 이것으로 시료의 내화가 측정된다.

크롬광의 내화도가 SK 40으로, 상온(常溫)에서 점차적으로 작열(灼熱)하여 2,000°C 가까이에서 녹아 쓰러지는 연화 변형점을 의미한다. 내화벽돌은 보통 S.K 26 이상의 것을 말하며, S.K의 번호에 따라 사용하는 장소나 용도가 다르다.

Seger Cone(Seger Kegel) 표준 내화도표는 〈표 4-20〉과 같다.

〈표 4-20〉 Seger Cone(Seger Kegel) 표준 내화도표

S.K 번호	표시온도(℃)	광석명
10	1.300	
11	1.320	
12	1.350	
13	1.380	
14	1.410	
15	1.435	
16	1.460	
17	1.480	
18	1.500	
19	1.520	
20	1.530	
26	1.580	점토
27	1.610	
28	1.630	납석
29	1.650	
30	1.670	
31	1.690	고령토
32	1.710	
33	1.730	흑연
34	1.750	
35	1.770	Bauxite
36	1.790	
37	1.825	
38	1.850	
39	1.880	
40	1.920	크롬광

6) 내화용 크롬광의 지질학적 특성

피코타이트 계(Picotite) 내화용 크롬광이 세계에서 집중적으로 많이 부존하는 대표적인 나라는 필리핀에서 제일 큰 섬인 루손 중서부 잠바레스(Zambales) 타플라오(Tapulao 2,070ML) 산맥의 크롬벨트 지역이다.

대부분 포디폼 크롬광상(Fodiform Chromite Deposits)에서 감람암(Peridotite)-Troctolite-Olivine gabbro 계통과 연계되어 있는 내화성 알루미늄이 많은 크롬광은 장석질 감람암(Feldspathic Peridotite)과 Harzburgite에 수반된다. 감람암은 감람석이라는 광물로 되어있는 암석으로, 감람석(Olivine)에는 마그네시아가 많이 들어있는 고토(苦土)감람석($2MgO \cdot SiO_2$)과 철분이 많은 철감람석($2FeO \cdot SiO_2$)이 있다. 감람암은 변질을 받아 사문암(Serpentine)으로 변하기 쉬운 성질이 있다.

암석	MgO	SiO$_2$	Fe$_2$O$_3$	Al$_2$O$_3$	CaO	Ig. Loss
감람암(%)	45.00	37.80	5.70	2.46	0.80	4.05
사문암(%)	39.41	39.33	8.30	1.56	1.25	11.20

그러나, 장소적으로 다른 암석학적(Lithologic) 화학성분의 생성으로, 장석질 감람암 속에 부성분으로 배태하는 크롬광에는 알루미늄성분이

20%~30%와 감람암의 MgO는 45%가 된다. 또한, 정규산염(Ortho Silicate)인 감람석이 규산염 구조에 속하여, Si 원자를 둘러싼 O 원자는 다른 Si 원자와 결합하지 않고, 다른 금속이온 Cr, Fe, Al과 결합하여 내화물 구성 원소에 중요한 역할을 한다. 광상(Ore Deposits)에서 크롬광의 품질 화학성분은 크롬과 규산염 비율에 따라, 또는 감람암에 부수적인 스핀넬 크롬 품질에 의하여 변한다.

따라서, 내화용 크롬광의 용도 분류는 지질학적 생성, 화학성분 그리고 성분구성 비율에 의존한다. Al_2O_3, MgO이 많고 Cr : Fe 비율이 2~2.5:1 이며 Cr_2O_3 30~44%, Al_2O_3 20~30%의 범위는 수요에 안전하다. 결론적으로 Cr_2O_3와 Al_2O_3 합계가 60% 이상, 특히 SiO_2 함량이 최대 6% 이하가 되어야 한다.

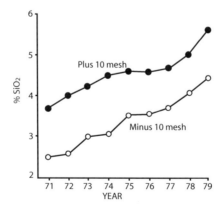

실리카 함유량 변화 통계(1971~1979)(출처: UK Mineral Annual Review(1986))

내화용의 생산은 보통 용해하여 제품을 만드는 금속용 크롬광과는 화학 성분의 처리 과정에 상당한 차이가 있다. 지질학적으로 포디폼 광상은 불규칙한 광체 안에 여러 맥석 광물 규석(Silicate), 사문석(Serpentine), 휘석(Pyroxene), 활석(Talc), 석면(Asbestos) 등이 산포(散布)한다. 아프리카 부광대의 스트라디폼 광상에서는 맥석이 광체 사이 암층결에 협재하여 파쇄 시 단체분리(Liberation)하여 세척하므로 단순하게 제거가 쉽지만, 단층과 지진대에 있는 필리핀, 터키의 광체는 1차 파쇄하여 기술적인 여러 선광법을 적용 광석 특성에 맞는 비중 선광(Heavy Media, Diaphragm Jig, Harz Cooley Jig)을 이행하기 때문에 회수율 문제, 시설비 증가로 내화용은 다른 용도 크롬광에 비해 가격이 몇 배 비싸다. 특히 맥석의 규석은 내화물 속에서 낮은 용융점($1,000^{\circ}C \sim 1,200^{\circ}C$) 때문에 녹아내리는 물질로 내화 작용에 큰 장애가 된다. 또한 산화철 함유량이 많은 아프리카 크롬광은 FeO가 26~28%로 내화물로서 강도가 떨어진다.

반면, 터키, 필리핀에 천연적으로 나타나는 Fe_2O_3가 15~20%로 내화성이 좋다. 이러한 화학성분은 큰 틀 안에서 규격을 정하여, 각 나라 수요자들의 특성에 맞게 조절하여 공급하는 데 있어 정치적, 지리적, 기술적 시설의 차이 때문에 품질도 다르다.

7) 크롬광 품질 규격

(1) 국가별 생산 규격(Refractories Specification)
크롬광의 국가별 생산규격은 다음과 같다.

〈표 4–21〉 필리핀

화학성분	규격(%)			
	괴광	분광	Plus 10 mesh	Minus 10 mesh
Cr_2O_3	30~32	30~33	30~33	30~35
Cr_2O_3 + Al_2O_3 Min	58	58	59	60
Fe Max	12	12	12	12
SiO_2 Max	7.5~6.0	6.5~6.0	5.5~6.0	3.5~4.5
Size(Mesh)				
Minus 10 Max		20	20	
Plus 14 Min				12
Minus 14 Max	15			
Plus 65 Max				20
Plus 100 Max				

〈표 4–22〉 남아프리카(South Africa)

화학성분	규격(%)	
	괴광	분광
Cr_2O_3	46~48	45
SiO_2	1.2~0.9 MAX	2
Al_2O_3	10~15	14
Fe	9~23	20
MgO	8~20	17
Cr : Fe	1.6:1	2:1
Size		0.5mm~3mm

<h4 align="center">〈표 4-23〉 터키(Turkey)</h4>

화학성분	규격(%)
Cr_2O_3	34~40%
SiO_2	4% Max
Fe	12%
Al_2O_3	20%
Size	1~3mm Minus 10 mesh

<h4 align="center">〈표 4-24〉 인도(India)</h4>

화학성분	규격(%)		
	Grade 1	Grade 2	Grade 3
Cr_2O_3	52~54%	46~48%	40~42%
SiO_2	5%(Max)	6~9%(Max)	9~12%(Max)
CaO	1%(Max)	1%(Max)	1%(Max)
FeO	20%(Max)	20%(Max)	20%(Max)
Loss on Ignition	1.5%	1.5%	1.5%
Al_2O_3	14%	14%	14%
MgO	15%	15%	15%
Size	Lumpy ore(괴광) / 분광: 주문 생산		
Price	FOB Mumbai $500~700/ton		

<h4 align="center">〈표 4-25〉 오만(Oman)</h4>

화학성분	규격(%)
Cr_2O_3	32~37%
Al_2O_3	21%
FeO	14%
SiO_2	3.5~6%
MgO	17%
CaO	0.1%
Size	1mm 3~5mm 0.5~4mm 5~25mm 1" up

<표 4-26> 미얀마(Myanmar)

화학성분	규격(%)
Cr_2O_3	30~50%
Al_2O_3	13~30%
Fe_2O_3	12~16%
MgO	14~20%
SiO_2	3~6%
CaO	1% Min
Bulk Density	approx. 3.45% Min
광산 지역	Chin state, Tagaung Taung town. Developed in 2008

<표 4-27> 파키스탄 (Pakistan)

화학성분	규격(%)
Cr_2O_3	54~57%
SiO_2	2.5% Max
Fe_2O_3	16% Max
Al_2O_3	10~15%
Size	3~1mm plus 3.35mm 5% Max minus 1.00mm 20% Max plus 1.00mm 5% Max
Price	FOB Karachi $600/ton

<표 4-28> 중국(China)

화학성분	규격(%)
Cr_2O_3	32~38%
Al_2O_3	18~20%
SiO_2	6~7%
Fe_2O_3	14~15%
CaO	1% Max
Size	Lumpy ore(괴광)
생산지	신장성 내륙, 내몽고

크롬
Chromium

(2) 국가별 수입 사용 규격(아시아 지역)

크롬광의 국가별 수입 사용 규격은 다음과 같다.

〈표 4-29〉일본

화학성분	규격(%)
Cr_2O_3	31% Min
SiO_2	6% Max
$Al_2O_3 + Cr_2O_3$	58% Min
Size	Plus 10 mesh 또는 Minus 10 mesh
부피비중(Bulk density)	3.60% Min

〈표 4-30〉중국

화학성분	규격(%)
Cr_2O_3	30% Min
SiO_2	7% Max
Fe	12% Max
CaO	1% Max
MgO	15% Min
Size	1mm~3mm 5mm~25mm

〈표 4-31〉대만

화학성분	규격(%)
Cr_2O_3	32% Min
SiO_2	5.5% Max
Al_2O_3	20% Min
MgO	17% Max
Size	1mm~5mm
작열감량(Ig. Loss)	2% Max

〈표 4-32〉 태국

화학성분	규격(%)
Cr_2O_3	30% Min
SiO_2	6.5% Max
Size	5mm~12.5mm Minus 10 mesh 90% Min

〈표 4-33〉 필리핀(현지 내화공장)

화학성분	규격(%)
Cr_2O_3	30%
SiO_2	6%
Al_2O_3	26%
Fe_2O_3	12
Size	Plus 10 mesh 80% Max Minus 65 mesh 5% Max
Bulk Desity	3.6% Min

(3) 국내 사용 규격 현황

국내 사용 규격 현황은 아래와 같다.

〈표 4-34〉 P 내화(주)

화학성분	규격(%)
Cr_2O_3	30%~35% Max
SiO_2	6% Max
Size	+3mm 15% Max -1.00mm 25% max
부착 수분	1% Max

화학성분	규격(%)
Cr_2O_3	31~36% Min
SiO_2	7% Max
물성(Physical Grade)	기공율(Apparent Porosity): 3.75% Max
	부피비중(Bulk density): 3.0% Min
	습도(Moisture): 2% Max
Size	Minus 6 mesh Plus 65 mesh

〈표 4–36〉 중소기업(양산, 당진, 인천)

화학성분	규격(%)
Cr_2O_3	30%~35% Max
$Al_2O_3 + Cr_2O_3$	60% Min
SiO_2	6% Max
Fe	12% Max
Size	1mm~3mm Minus 10 mesh 85% Max

8) 크롬내화벽돌 제조

내화벽돌의 화학성은 사용 중에 접촉하는 고열 용융물과 화학 반응을 고려하여 일반적으로 산성, 중성, 염기성으로 분류된다.

크롬정광을 1차 분쇄하고, 입도(粒度)가 2~3mm, 20~40%, 1~2mm, 20~50%, 1mm 이하, 30~60%로 한 것에 석회, 마그네시아를 결합체로

191

하여 잘 혼합하여 건식 프레스(Press)로 성형하여, 건조한 후에 SK 18 정도로 소성하는 것이 일반적이다. 그러나 이런 크롬 벽돌은 온도 변화에 민감하여 열충격에 약하고, 고온 압축강도와 하중연화온도가 극단적으로 낮은 것이 결점으로 되어 있기 때문에 이를 보완하기 위하여 ① 입도 배합을 조절하여 결합력을 보강하고, ② 성형압력을 1,000~10,000 psi로 높이고, ③ 화학적 결합제를 써서 프레스 할 때 마모작용을 줄였으며, ④ 소성하지 않는 Ritex법의 불소성벽돌이 제조되었는데 특성을 개선하려는 노력은 결국 크롬마그벽돌(Cr-Mg)로 발전하게 되었다.

(1) 불소성 벽돌제조

불소성 벽돌제조 공정은 아래의 그림과 같다.

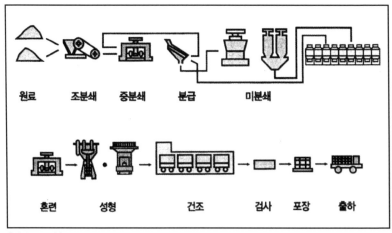

출처: Posco 컴텍

직접결합 크롬 벽돌과 불소성 크롬 벽돌의 성질은 〈표 4-37〉과 〈표 4-38〉에 분류하였다.

〈표 4-37〉 직접결합 크롬 벽돌

항목	GshGM-8	GahGM-13
Cr_2O_3 (%)	≧12	≧16
SiO_2 (%)	≦4	≦4
MgO (%)	≧60	≧55
0.2MPa 하중연화/ 시온도 (°C)	≧1650	≧1700
겉보기 기공율 (%)	≦16	≦16
상온내압강도, Mpa	≧35	≧34.5

〈표 4-38〉 불소성 크롬 벽돌

항목	KC-4	KD-8
SK (내화도)	40 Min	40 Min
Cr_2O_3 (%)	23.0	18.3
MgO (%)	39.4	73.5
기공율(Porosity)	13%	13%
부피비중(Bulk density)	$3.00g/cm^3$	$2.95g/cm^3$
압축강도(Kgf/square cm)	450	400
하주연하점 (Load: 2kgf/s.cm T_2 °C)	1,500	1,500
잔존선변화율 (After 3hrs at 1,400°C)	+0.3%	-0.1%
열간선변화율 at 1,000°C	1.2%	1.2%
주용도	유리 용해로	전기로천정
특성	내침식성	내침식성

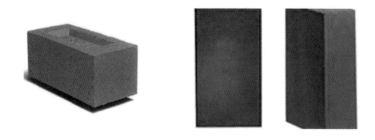

불소성 크롬 벽돌

(2) 소성품 공정 및 제품

소성품 벽돌제조 공정은 아래의 그림과 같다.

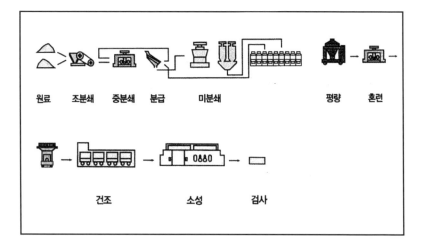

원료　조분쇄　중분쇄　분급　미분쇄　　　　　평량　혼련

건조　　　　　소성　　　검사

전융 크롬 벽돌과 보통 소성 벽돌, 보통 크롬 마그벽돌의 성질을 〈표 4-39〉와 〈표 4-40〉 〈표 4-41〉에 분류하였다.

〈표 4-39〉 전융 크롬 벽돌

항목	LM-12	LM-16
Cr_2O_3 (%)	≧14	≧18
SiO_2 (%)	≦4	≦5
MgO (%)	≧70	≧55
상온내압강도 (MPa)	≧40	≧45
체적밀도 (g/cm³)	3.15	3.15
겉보기 기공율 (%)	≦16	≦17
0.2MPa 하중연화 시작온도 (°C)	≧1600	≧1650

 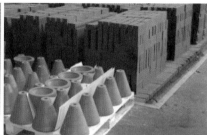

전융 벽돌   소성크롬벽돌

〈표 4-40〉 보통 소성 벽돌

항목	OB-1	OB-2	OB-3	OB-4	OB-7
SK	40Min	40Min	40Min	40Min	40Min
Cr_2O_3 (%)	27.0	24.0	20.0	18.0	9.7
MgO (%)	23.0	33.0	40.5	47.8	60.0
가공율 (%)	21.0	21.0	21.0	20.0	19.0
부피비중 (g/C. cm)	3.10	3.05	3.00	3.00	2.90
압축강도 (Kgf/S. cm)	4.00	4.00	4.00	4.00	4.00
하중연화점					
(Load: 2kgf/S.cm T2°C)	1,500	1,530	1,540	1,550	1,570

잔존선변화율 (%) (after3hr. at1, 400°C)	+0.3	+0.3	+0.3	+0.3	+2.0
열간선변화율 (%) (at 1,000°C)	1.0	1.0	1.1	1.1	1.2
주 용도	혼선로	가열로	유리용해	유리용해	Rotay Kiln
	혼선로	혼선로	비철금속	비철금속	혼선로
특성	-	-	-	내spalling	-

〈표 4-41〉 보통 크롬 마그벽돌

명칭	LM-6	ML-10
Cr_2O_3 (%)	8~13	≧16
SiO_2 (%)	2~3	5~6
MgO (%)	≧60	≧45
겉보기 기공율 (%)	≦24	≦25
체적밀도 (g/cm³)		
상온내압강도 (MPa)	≧25	≧26
0.2MPa 하중연화 시작온도	≧1500	≧1530

크롬 마그 벽돌(Chrome Magnesia Brick)은 크롬광과 마그네시아 클링커를 원료로 한 것으로 크롬 벽돌과 마그네시아 벽돌의 성질을 절충하여, 각기의 약점을 보강하고, 새로운 성능을 구비한 것이다. 크롬 마그 벽돌은 제2차 세계대전 전에 유럽에서 염기성 평로법에 의한 제강 능률을 증진시키는 데 필요한 작업온도를 상승시키기 위하여 평로 천장에 사용하여 왔던 규석벽돌을 대체하여 소위 전염기성 평로(All Basic Open Hearth Furnace)를 출현시켰다. 그 후에 Ritex 법이 이것의 제조에 이용되면서 크

롬 마그 벽돌은 급속하게 발달하였다. 이런 벽돌을 결합 마그 크롬 벽돌이라 한다.

한편, 천연산 크롬광을 안정화된 합성 크롬스핀넬(Chrome Spinel)을 주체로 하여 응고과정에서 결정조직을 조정한 전용 주조(電融鑄造) 크롬 마그 내화물이 개발되었다. 주조 크롬 벽돌과 전용재 결합 크롬 벽돌, 고온소성 벽돌의 초고온성 벽돌 성질은 〈표 4-42〉~〈표 4-45〉에 분류하였다.

〈표 4-42〉 주조 크롬 벽돌

기호	화학성분	항목	물성 성분
Cr_2O_3	21.00	열전도계수(1000°C)W/(m·K)	1.95
		팽창률 (%)	1.43(1300°C)
SiO_2	12.00	겉보기기공율 (%)	10.5
Al_2O_3	13.50	체적밀도 (g/cm³)	3.30
CaO	1.30	상온내압온도 (MPa)	92.0
TiO_2	1.27	내화도 (°C)	1760
MgO	53.50	하중연화시작온도 (°C)	>1700

〈표 4-43〉 전용재 결합 크롬 벽돌

항목	MDG-12	MDG-18
Cr_2O_3 (%)	≧12	16
SiO_2 (%)	≦4	≦5
겉보기기공율 (%)	≦12	≦16
상온내압강도 (MPa)	≧34.0	≧35.0
0.2MPa 하중연화 시작온도 (°C)	1700	1600

항목	BDK-23C	BDL-24C	BDM-30
SK(내화도)	40	40	40
Cr_2O_3 (%)	22.0	19.0	20.0
MgO (%)	56.9	58.0	50.0
기공율 (%)	16.5	13.0	13.6
부피비중 (g/C.cm)	3.15	3.25	3.30
압축강도 (Kgf/S.cm)	540	700	750
열간곡강도 (kgf/S.cm)	1,500°C		
at 1,400	75	70	60
하중연화점			
(load: 2kgf/S.cmT₂°C)	1,550 Min	1,650 Min	1,600 Min
잔존선변화율 (%)			
(after 3hrs at 1,400°C)	+0.2	+0.1	+0.1
열간선변화율 (%)			
(at 1,000°C)	1.0	1.0	1.0
주용도	정제로	정제로	정제로
특성	내침식성	고열강간도 내침식성	내침식성

고온성크롬 벽돌

〈표 4-45〉 초고온성 벽돌

항목	CBG-63F	CBK-7	CBO-65A
SK(내화도)	40 Min	40 Min	40 Min
Cr$_2$O$_3$ (%)	28.5	28.2	21.8
MgO (%)	57.8	62.7	63.2
기공율 (%)	17.2	14.9	18.1
부피비중 (%)	3.22	3.27	3.12
압축강도 (Kgf/S.cm)	631	929	710
열간곡강도 (kgf/S.cm)	1,100℃		1,200℃
at 1,400℃	160	167	160
하중연화점			
(load: 2kgf/S.cmT$_2$℃)	1,650	1,650	1,650
잔존선변화율 (%)			
(after 3hrs at 1,400℃)	+0.16	+0.15	+0.09
열간선변화율 (%) at 1,000℃	0.91	0.79	0.92
주용도	비철금속용 정련용		비철금속용 정련용
특성	내 spalling		내침식성

초고온성 크롬 벽돌

(3) 부정형 공정 및 제품

크롬 부정형 내화물, 크롬 청정석 벽돌의 성질을 〈표 4-46〉, 〈표 4-47〉에 정리하였다.

〈표 4-46〉 크롬 부정형 내화물(몰타르(Mortar) 제품)

항목	HG-90C	HF-20	HD-30
SK (내화도)	38 Min	38 Min	38 Min
Cr_2O_3 (%)	79.0	29.0	22.3
MgO (%)		20.3	40.2
포장단위 (Kg)	25	25	25
주용도	Hole Brick	소성Cr-Mg 벽돌	소성Cr-Mg 벽돌

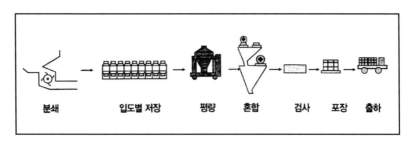

분쇄 → 입도별 저장 → 평량 → 혼합 → 검사 → 포장 → 출하

부정형제조 공정

〈표 4–47〉 크롬첨정석 벽돌

항목	품위	
화학성분(%)	Cr_2O_3	3.5
	SiO_2	3.2
	CaO	1.2
	Fe	1.5
	MgO	26.0
	Al_2O	20.0
기공율 (%)	19~25	
진밀도 (g/cm³)	3.45	
체적밀도 (g/cm³)	2.5~3.0	
재소성수축율 (%(1700℃ at 1hr.))	0.5	
내화도 (℃)	>1900	
하중연화시작온도 (℃(0.2MPa))	1600~1650	
선형팽창계수 (0~700℃)	(6–10)x10⁻	

9) 크롬 내화물 사용 용광로

스테인리스강 벽돌 제조 공정은 아래의 그림과 같다.

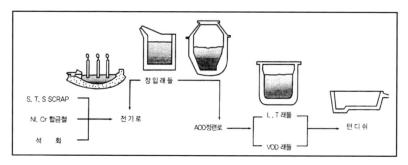

스테인리스강 제조 용광로 벽돌

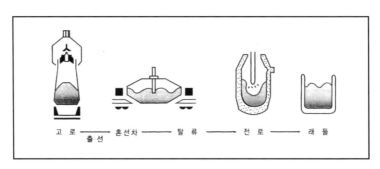

고 로 ──→ 혼선차 ──→ 탈 류 ──→ 전 로 ──→ 래 들
출선

일관 제철소 용광로 벽돌

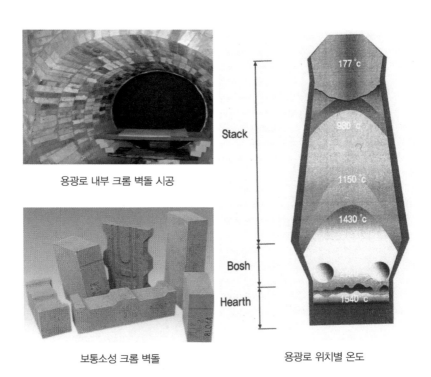

용광로 내부 크롬 벽돌 시공

Stack

Bosh

Hearth

177 ℃

980 ℃

1150 ℃

1430 ℃

1540 ℃

보통소성 크롬 벽돌

용광로 위치별 온도

4.3 크롬 사(砂)(Chromite Sand)

4.3.1 주물용(Foundry Sand)

1) 개요

크롬광이 비교적 좋은 내화 특성뿐만 아니라 열전도율과 냉각 특성이 휠씬 뛰어난 것을 알았기 때문에 기존에 석영질(Non-Siliceous)이 없는 지르콘(Zircon)이나 올리빈(Olivine)과 잘 비교가 되었다. 또한 주조(Casting)의 질을 높이는 화학성분, 입도, 입상(粒狀)과 매우 중요한 산성소비율(pH)이 엄격하고 방사성 성분이 없어 규사(Silica)나 다른 주물사보다 성능이 입증되어 각광 받기 시작한 때는 1960년 후반이었다.

더욱이 크롬을 일반적인 주물사(鑄物砂)로 취급하게 된 계기는 1975년에 그동안 널리 사용하던 지르콘의 물량 부족 사태로 가격이 톤당 250파운드(Pound)로 몇 배 급등하였다가 4년이 지난 1980년 초반에는 지르콘 생산 물량이 넘쳐 톤당 가격 60파운드로 하락하였다.

이와 비교되는 안정적인 인공 생산과 자연 채취하는 크롬 주물사는 포르투갈로부터 독립쟁취를 위하여 모잠빅(Mozambique) 마푸토(Maputo) 항구 봉쇄 때를 제외하고는 인플레를 따라 가격과 공급이 변동 없이 항상 안정하여 점차 세계적으로 사용하게 되었다.

2) 특성

금속을 용해하여 일정한 주형 틀 속에 주입한 후 응고시켜 계획한 모양으로 만든 금속 제품을 주조, 주물(Casting, Foundry)이라고 한다. 즉, 형틀 거푸집을 만드는데 사용하는 물체인 모래가루를 주물사(砂) 크롬가루로 사형(砂型)의 구성재(材)를 말한다.

성형이 양호하여 녹은 쇳물을 주입할 때 거푸집을 구성한 크롬 주물사는 용금에 맞는 조건을 구비하여야 한다. 크롬광의 주물사(砂)는 열 충격에 강하고 열팽창은 매우 낮은 일정한 비율을 갖고 있다. 녹은 금속의 주물사 침투(Metal Penetration)는 주형의 모래 알갱이 사이에 용탕이 들어가서 그대로 굳어져서 생기는 파임(Shrinkage)이나 반점(Hard Spots) 발생하는 것을 크롬 사는 막고, 응고를 조정할 수 있다.

따라서 크롬 주물사 주형 강도 시험에서 기존의 주물사와 비교한 결과 0.8%의 푸린 점결제(Furane Resine)와 25% 촉매제를 사용한 짧은 시간(1시간 이내) 후에 압축강도는 149lb/cm^{2}와 16lb/cm^{2}로 나타났지만 24시간 후에는 656lb/cm^2 와 718lb/cm^{2}로 크롬 사의 주형에 대한 표면처리가 월등했다. 또한 크롬 사는 규산나트륨 성분을 함유한 다른 주물사보다 코아(Core) 제작에서 일반적으로 코아가 잘 침정(沈靜) 한다.

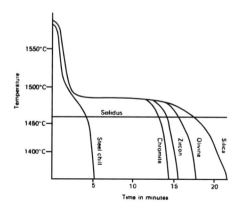

크롬주물사 열냉각 비교도표(출처: Ashby. G.)

특히 주물사 입도 분포에서 분쇄로 생긴 편다각형 입상(粒狀)은 주물 표
면에 아주 작은 요철(凹凸)을 만들기 때문에 입도 구성 범위를 넓혀 미립,
중립, 세립을 고루 섞어 공극을 최대한 좁히는 입상의 배위(配位)의 방법
에 따라 표면처리를 매끈하게(Smooth) 하기 위해서는 정교하게 분쇄할
수 있는 광석의 경도(硬度)와 인성(靭性)이 커야 하기 때문에 크롬 사는
20~30톤을 초과하는 중량의 물체가 크고 두꺼운 주조 작업에서 압축강
도가 좋아 소착(Burning)과 융착(Fusion)이 없이 표면처리가 대체로 깨
끗하다.

■ 성형성(Cohesion)
쇳물이 주입되어 높은 온도에서 크롬 주물사는 원형을 발휘 후에도 그 형

태를 유지하고 녹은 쇳물의 압력 충격에도 견딜 수 있는 강도가 좋다.

■ 내화성(Refractoriness)

고온 쇳물의 온도는 재질에 따라 상이하나, 높은 온도에 용해하거나 크롬 사는 화학 반응이 없으며, 어느 변형에 영향을 받지 않도록 성질의 변화가 일어나지 않고, 용탕이나 산화물에도 침식되지 않는다. SiO_2의 순도 입자의 형상, 크기 등을 조정, 소착(Burning) 현상을 감소시킨다.

〈표 4-48〉은 크롬 주물사의 네온성을 비교한 것이다.

〈표 4-48〉 크롬 주물사 내온성 비교

주물사 종류		용융점(°C)	상태
크롬	Cr_2O_3	2,265	중성
지르콘	ZrO_2	2,670	염기성
올리빈	$2(Mg, Fe)O \cdot SiO_2$	2,500	염기성
규사	SiO_2	1,728	산성

■ 통기성(Permeability)

용탕을 주입할 때 거푸집에서 발생하는 가스, 수증기, 주형 안의 공기가 크롬 사립 사이를 통하여 배출되어야 한다. 입도가 적을수록 그리고 수분과 점결 물질이 많을수록 삼투(滲透)를 방해한다.

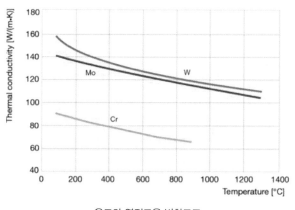

온도와 열전도율 변화도표

▪ 보온성(Temperature)

크롬 사는 열전도율(Thermal Conductivity)이 좋아 쇳물이 빨리 응고되지 않고 유동성을 향상시킨다.

▪ 강도(Strength)

크롬 주형이 외력에 강하며, 그 형태를 유지한다. 따라서 인공주물사의 강도를 향상시키기 위해서는 경도가 높은 괴광(Hard lumpy ore)을 인위적으로 선택하여 입도와 파쇄율을 높인다.

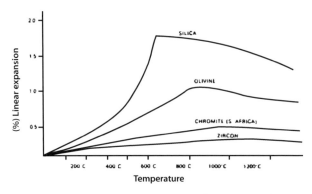

크롬주물사 온도와 열팽창 비교도표(출처: Ashby. G.)

3) 크롬 사(砂)의 종류

〈표 4-49〉와 〈표 4-50〉은 크롬의 인공사와 자연사를 비교 및 정리한 것이다.

〈표 4-49〉 인공사(人工砂)

Chrome Ore Sand 60% Max

구분	설명
생성	광산에서 채광한 광석을 인위적으로 분쇄하여 만든 광사(鑛砂)
성질	제조할 때 기계적 분쇄로 사립(砂粒)의 형상(形狀)이 예각(銳角)으로 다각형(Angular type) 또는 첨편각형(Crystalline type)
입도	조립(組粒): 28~48 mesh
	중립(中粒): 48~100 mesh
	미립(微粒): 100~200 mesh
특성	주형(鑄型)의 통기도 저하, 표면적이 커짐, 점결제 증가,
용도	탄소, 합금철(Carbon, alloy steel), 자동차 산업(engine block),

출처: American Foundrymen Society

〈표 4-50〉 자연사(自然砂)

Chromite Sand 100% 또는 MiX

구분	설명
생성	해변(濱海砂), 강하천(江川砂)에 침적된 모래
성질	생성 장소 모래톱, 강가에 따라 풍화되어 부스러진 자잘한 알갱이는 자연 마모되어 대체로 환형(Round type)
입도	200~8 mesh
특성	표면적이 적고 고르며 불순물이 혼재
용도	Burn on Casting, 선박 조선업

출처: American Foundrymen Society

천연 크롬 주물사

인공 크롬 주물사

4) 크롬 사(砂) 생산

인공 크롬 사는 일반적으로 기본 품질이 맞는 크롬정광의 괴광이나 분광을 세척(Vibrating Wash)과 건조하여 채(Sieve)별 하여, 1차 파쇄(Crushing), 2차 분쇄(Pulverizing) 입도별로 불순물을 엄격하게 선광하여 제거하고, 주물사 알갱이를 될수록 균등하게 같은 입도별로 선별(Technical Sorting)한 후 제일 중요한 것은 완제품에서 입자의 입도별 분포에서 쏠림(Segregation)을 경계하고 혼합(Blending)하여 깨끗이 씻어 검은빛이 나도록 하여 제품을 만든다.

인공 생산지는 90% 이상 아프리카 크롬광 일관 종합처리시설에서 생산하여 전 세계 선진국에 공급된다. 또한, 천연 크롬주물사는 연안 해저나 사구(砂丘)에서 준설기(Dredging Machine), 고압 흡입펌프(High Pressure Suction Pump), Elevating Bucket와 나선형 분리기(Spiral Separator)를 거쳐 1차 자석 분리기(Magnetic Separator)와 습식 요동 선별기(Shaking Table) 최종 4단 채별(Sieving) 하여 입도별 정량분석(Assay)을 한 후에 품질 결과에 따라 광사(鑛砂)와 결합배율여부를 결정한다. 천연 생산지는 아프리카 내륙 강 · 하천이 많은 짐바브웨와 일부 해안에서 채취하고, 근년에는 남태평양 뉴칼레도니아의 내륙 하천과 해안 크롬광상이 주물용 품위로 대두되고 있다.

〈표 4-51〉에 Wentworth 입도 명칭 및 크기를 정리하였다.

〈표 4-51〉 Wentworth 입도 명칭 및 크기

입자	명칭(mm)
과립(顆粒, Granule)	2~4
대입상(大粒狀, very coarse sand)	1~2
조립상(組粒狀, coarse sand)	1/2~1
중립상(中粒狀, medium sand)	1/4~1/2
세립상(細粒狀, fine sand)	1/8~1/4
미립상(微粒狀, very fine sand)	1/16~1/8
침적토(沈積土, silt)	1/256~1/16
점토(粘土, clay)	1/256 이하

출처: 日本鑄物

크롬주물사는 화학성분과 입도 분포에서 매우 예민하고 정교하게 만들어지는 일정한 단위량으로 취급하는 제품으로 다른 제철, 화학용 광석과는 가격뿐만 아니라 취급 보관, 운송에 상당한 차이가 있다. 따라서, 기계금속공업이 발달한 선진국에서 주로 사용하는 주물사를 관장하는 영국 BSTA(Britsh Steel Castings Research & Trade Association's Acceptance)와 미국 AFS(American Foundrymen Society) 등에서 인정하고 특성 있는 품질이어야 한다.

World Foundry Chromite Production
(Tonnes)

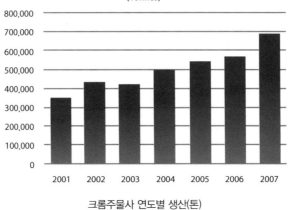

크롬주물사 연도별 생산(톤)

5) 크롬 주물사 품질 BSTA & AFS 규격

BSTA & AFS의 품질과 규격을 〈표 4-52〉에 정리하였다.

〈표 4-52〉 BSTA & AFS의 품질과 규격

항목	품위	
화학성분(%)	Cr_2O_3	44% Min
	Fe_2O_3	20% Max
	SiO_2	1% Max
	CaO	0.5% Max
	Al_2O_3	20% Min
	MgO	10% Max

수분 함량(Moisture content)	0.2% Min(수분이 거의 없음)
탁도(濁度, Turbidity)	170 ppm
pH	7~9
산성요구(Acid demand)	Ph　3.　4.　5
정도(level)	Max 10ml, 6ml, 6ml
작열감량(Ig. Loss)	0.5%(수소 atmosphere & Oxygen-Free grade)
비중(Specific Gravity)	2.65g/cc
융해온도(Fusion Temperature)	1,600°c

	규격
입도 구성 (Granulometric- Composition)	Minus(-) 22, plus(+)200 mesh, Medium 95% Min
	Minus 44, plus 200 mesh, Fine 90% Min
	Plus 72, 100, 150, 200 mesh, Fine 70% Min
	on 4 sieves
	Minus 200 mesh Fine size 8% Max Medium size 5% Max
	AFS 45~55(30 mesh~270 mesh)
	AFS 점토 함량 Fine size 0.5% Max Medium size 0.5% Max

출처: BSTA & AFS

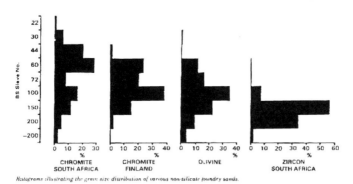

Histograms illustrating the grain size distribution of various non-silicate foundry sands.

Non-silicate 주물사의 입도분포도(출처: UK foundry)

〈표 4-53〉은 채눈의 크기가 거꾸로 작아지는 계산방법을 나타낸 것이다.

〈표 4-53〉 TYLOR Standard Sceen

| mesh | 채눈의 크기 | | 철사의 직경 |
	inch	mm	inch(φ wire)
	1.050	26.67	0.148
	0.742	18.85	0.135
	0.525	13.33	0.105
	0.371	9.423	0.092
3	0.263	6.680	0.070
4	0.185	4.699	0.065
6	0.131	3.327	0.036
8	0.093	2.362	0.035
10	0.065	1.651	0.032
14	0.046	1.168	0.025
20	0.0328	0.833	0.0172
28	0.0232	0.589	0.0125
35	0.0164	0.417	0.0092
48	0.0116	0.295	0.0072
100	0.0058	0.147	0.0042
150	0.0041	0.104	0.0026
200	0.0029	0.074	0.021
250	0.024	0.061	0.016
270	0.0021	0.053	0.0016
325	0.0017	0.043	0.0014
400	0.0015	0.038	0.001

참고 사항: 200 mesh의 0.074mm로부터 순차 $\sqrt{2}$배

국제 표준 채의 규격은 〈표 4-54〉에 정리하였다.

〈표 4-54〉 국제 표준 채(International Standard Sieve)

단위: mm

한국		미국		중국	
호칭	채눈크기(mm)	호칭(mesh)	치수(mm)	호칭(号)	치수(目)
		2½	8		
5600	5.60	3	6.73		
		3½	5.66		
4750	4.75	4	4.76	4	5
4000	4.00	5	4.00	5	4
3350	3.35	6	3.36	6	3.22
2800	2.80	7	2.83		
2360	2.36	8	2.38	8	2.50
2000	2.00	10	2.00	10	2.00
1700	1.70	12	1.68		
1400	1.40	14	1.41	14	1.43
1180	1.18	16	1.19	16	1.24
1000	1.00	18	1.00	18	1.00
850	0.85	20	0.84	20	0.95
				24	0.70
710	0.71	25	0.71		
				26	0.71
				28	0.63
600	0.60	30	0.59		
				32	0.55
				34	0.525
500	0.50	35	0.50		
				36	0.50
				38	0.425
400	0.40	40	0.42	40	0.40
				42	0.375
335	0.335	45	0.35		
				46	0.345
300	0.30	50	0.29	50	0.325
250	0.25	60	0.257		
215	0.215	70	0.210		
180	0.180	80	0.170		

				90	0.17
150	0.150	100	0.147	100	0.15
				10	0.14
125	0.125	120	0.129	120	0.125
				130	0.120
106	0.106	140	0.105		
				160	0.088
90	0.090	170	0.085		
				180	0.077
75	0.075	200	0.078	200	0.078
63	0.063	230	0.064	230	0.065
				250	0.060
53	0.053	270	0.053	270	0.052
45	0.045	325	0.044	325	0.044
				350	0.042
				400	0.034

출처: 중국 표준국

6) 복원 재사용(Recycling)

사용한 크롬주물사를 회수하여 반복 사용하여도 문제가 없어, 종전과는 다르게 수요가 많이 늘어났고 경제적인 면에서도 부담을 줄이기 위해 지금은 기술적으로 연구가 있어 많은 크롬주물사의 실수요자는 회수 시설을 설치 운용하고 있다.

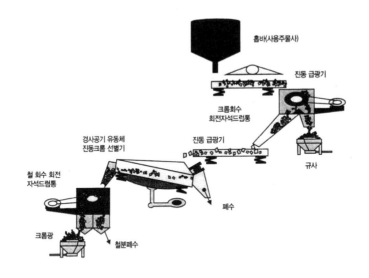

주물사 사용 회수(Recycle) 공정도

크롬광의 주물사 성능이 인정되어 현재 세계의 연간 소비가 약 70만 톤으로, 거의 모두 남아프리카(South Africa)에서 생산되어 세계 주요 공업국가에서 소비한다. 그러나, 소량 생산국가는 핀란드, 브라질, 인도, 터키 등 일부로 국한되고 기타 많은 크롬 생산국가는 주물사에서 치명적인 천연적인 품질 높은 작열감량(Ig. Loss)과 미립자의 높은 분포 때문에 국제적 규격 미달로 자국 내에서 일반 주물사처럼 소비하는 것으로 나타난다. 따라서 꾸준히 수요 증가로 인한 가격 상승은 FOB $700/ton(2012)이다.

4.3.2 충전재(Filler Chomite Sand)

1) 개요

제철 및 제강에서 쇳물을 옮기는 래들(Ladle)의 쇳물 배출구멍(Tap Hole)을 일시적으로 막는 역할을 하는 내화성 물질이다. 래들의 활주문(滑走門) 입구를 폐쇄하는 고로의 탕유부에 설치된 용선의 취탈문 입구(Nozzle)를 통하여 고로 내 탕 고임부에 고여있는 용선을 몇 시간 간격으로 출선하는 작업을 하루에도 몇 번씩 반복하며 출선 입구를 교대로 사용해 연속적으로 쇳물을 받아내는 것이 보통이다.

취탈구 Nozzle

용해금속 배출

이러한 출선구의 폐쇄용 결합재인 충전재는 폐쇄 시 입구에서 충전 소결 한다. 래들의 Slide Gate와 용해금속 사이에 접촉을 피하기 위해 입상의 내화물질 Chromite Sand와 혼합재(Silica Sand)를 충전재로 사용하여, 노즐 안쪽과 구멍을 잘 막을 수 있어야 한다. 따라서 물질 특성에 따라 작업 공정에 영향을 주기 때문에 크롬 사(砂)가 가장 널리 사용된다.

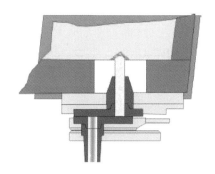

Filler Tap Hole 구조

2) 특성

충전재의 특성은 다음과 같다.

① 내화도(Refractoriness)
② 입도 분포(Size Contribution)
③ 입도 결집밀도(Bulk Density)

④ 적은 열충격(Thermal Expansion)

⑤ 유동성(Good Liquidity)

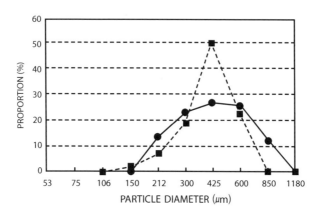

Filler Chromite Sand(실선) & Silica Sand(점선)

열역학(Thermodynamics)적으로 화학성을 다변화하여 금속용융열로 인한 응결 속도를 피하기 위하여 탄소분이 필요하다. 충전재 Sand는 탄소(Carbon)를 코팅함으로써 카본의 물리적, 화학적 성질에 의한 용해금속의 래들 침투 및 고온결합을 방지하여 Tap hole이 막히지 않도록 한다.

충전재 크롬 Sand

3) 생산

크롬광은 일반적으로 Cr_2O_3의 품위가 최소한 20% 이상, Silica 2~7%에서 주물용이나 내화용으로 사용한다. 그러나 내화 특성을 가진 충전재(Filler) 크롬 사는 많은 양의 Silica와 혼재하여 사용하는 Cr_2O_3 품위가 30%

혼합 크롬실리카 Sand 시각적 확대

이하로, 별도채광 생산하지 않고 고질의 크롬광을 정광 생산의 부산물

(By-Products) 광미(Tailing)의 품위와 입도가 거의 같다. 부유 선광의 광미(-250 mesh)는 미분으로 입도가 적당하지 않고, 비중 선광의 광미(ϕ150~850μm)가 입상(粒狀) 구조상으로 좋은 천연 빈해사(濱海砂) 또는 크롬 사와 혼합하여 생산한다.

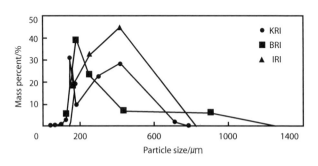

SiO₂: BRI(15~30%), KRI(30~40%) IRI(45~50%)

혼합입도 분포 비교(출처: Iron&steel 국제연구저널(2012))

또한, 인도네시아, 파푸아뉴기니, 뉴칼레도니아에서 생성되는 풍화 Laterite 내에 규석질 크롬 사의 품위와 입상이나 입도는 (ϕ200~600μm)가 상기 도표에서와 같이 충전재 품질의 범위 안에 있어 간단한 표토 처리 공정으로 생산한다. 화산재(Lahar=SiO₂ 90%)가 많은 필리핀 등지에서는 크롬 사와 검은 규사를 해강변 하류에서 채취 생산하고, 상류에서 채취하는 Black Sand(Magnetite)에서 분리된 폐석 크롬 사(5%)는 별도로 공정

처리하여 자연적으로 규사가 혼입된 충전재로서 제철 선진국에서 별도 호평을 받고 있다.

충전재는 크롬 사 75~95wt%와 규사 5~25%를 입상, 입도구성, 분포를 고려하여 최종 혼합(Blending) 생산한다. 때로는 지르콘(Zirconium) 사 도 혼합용으로 대체하여 사용하고 있다.

4) 품질

크롬 실리카 자연혼합과 크롬 지르콘 인공혼합의 성질을 〈표 4-55〉, 〈표 4-56〉에 정리하였다.

〈표 4-55〉 크롬 실리카 자연혼합 Ladle Filler Sand

항목	품위	
화학성분(%)	Cr_2O_3	24~32%
	SiO_2	25~38%
	Al_2O_3	13~17%
	MgO	5~7%
	Fe_2O_3	18~21
	C	3~8

〈표 4-56〉 크롬 지르콘 인공혼합 Ladle Filler Sand

항목	품위	
화학성분(%)	Cr_2O_3	16~20%
	ZrO_3	30~36%
	SiO_2	24~28%
	Fe_2O_3	10~13%
	Al_2O_3	5~8%
	MgO	2~5%
	CaO	0~1.5%
	C	0.5~1.2%
물성(Physical)	Bulk Desity: 1.8~2.0	
Size	Minus 8 mesh Plus 20 mesh	

4.4 화학용 크롬광(Chemical Chromite)

1) 개요

크롬광을 최초로 화학용으로 사용한 것은 18세기 중엽에 상업적으로 안료(顔料)와 가죽을 무두질(Tanning)하는 물질로 사용하였다. 그 후 화학자가 실험실에서 화학 반응에 의하여 3가크롬산(CrO_3)을 최초로 제조 발견하여 여러 크롬 화합물 생산에 적용하게 되었다. 현대의 화학공업에서 사용하고 있는 원료가 다양한 중에 천연에서 생산되는 무기물질 광석에 화학적인 반응으로 변화를 주어 이용 가치를 한층 높여 더 좋은 유용

한 물질 원료로 전환하는 산업에서 크롬광도 자연히 화학적 처리로 무기
(無機)화학 공업에서 중요한 역할을 하는 여러 가지 화학 제품이나 또는
다른 산업용 원자재의 보조 재료 뿐만 아니라 무기약품공업의 용도에도
크게 이바지하고 있다.

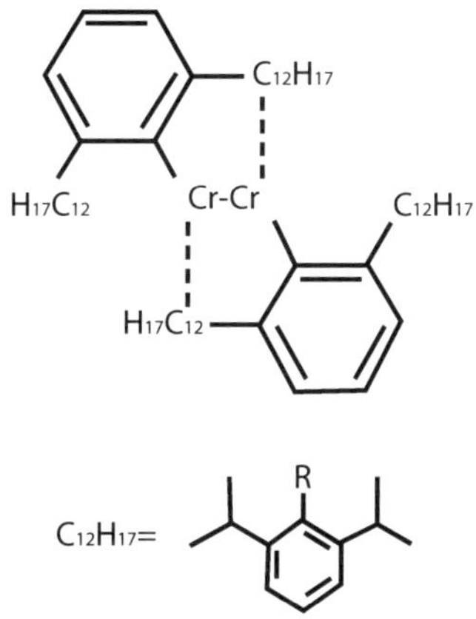

〈그림 5-16〉 크롬 구조식

따라서 화학용으로 적합한 크롬광은 화학 반응에서 순수한 크롬원소를
액상으로 추출하기 위하여 함유한 다른 원소들이 환원이나 산화에 친화
적 원소와 배제해야 할 원소가 결집 되어있기 때문에, 기본 품질에 따라
지역적으로 품질이 가능한 크롬광석을 선택하고 기술적으로 선광하여,
화학처리 공정에 필요한 정광(Concentrates)을 생산하여야 한다.

여러 원소로 구성되어 있는 산화광물 크롬광의 사용 가치의 경제적인 성분 범위는 일반적으로 25%~60%이다. 그중에 화학용에 필요한 화학성분의 특성은 우선 크롬 함유량이 높고, 철분(Fe_2O_3)이 높고 낮음은 상관이 없다. 주의해야 할 성분은 화학 처리에 저해되는 SiO_2 함량은 필히 낮아야 한다. 또한 여러 용도에서 기피하는 천연적인 분광(粉鑛), 풍화 침식 잔류광상 Laterite 홍토(紅土)에 있는 고질의 미분(微粉) 크롬광은 사용상 적정하다.

2) 화학용 크롬광 표준 품질(Chemical Specification)

화학용 크롬광 표준 품질은 〈표 4-57〉과 같다.

〈표 4-57〉 화학용 크롬광 표준 품질

항목	품위	
화학성분(%)	Cr_2O_3	44~46%
	SiO_2	3.5% Max
	Al_2O_3	15% Max
	MgO	10% Max
Cr : Fe	1.5~2:1	
Size	천연분광(Fine) 분쇄 조립광(Coarse) 미립광(Very fine)	

3) 용도

아래의 그림과 같이 크롬광석에서 여러 방법으로 순수한 크롬을 액상이나 고체 원소를 추출하는 원료 광물로, 무기크롬 화합물은 2가(價), 3가, 6가 크롬이라고 하며 화학공업이 발달한 선진국에서 생산하여 피혁, 도금, 비철금속, 특수강 분야, 안료, 목재 보존처리 등에서 널리 사용되고 있다.

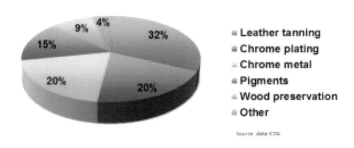

화학용크롬광 용도비율(2014년 생산, 72만 5천 톤)

〈표 4-58〉은 국가별 화학용 크롬광 소비량을 나타내고 있다.

<표 4-58> 국가별 화학용 크롬광 소비량(2014년도)

용도	크롬광	소비국가
가죽 제조	234,000	독일, 일본
금속 도금 산업	145,000	독일
크롬 금속	145,000	미국, 영국
색 염료	108,750	이탈리아, 프랑스
목재 보존처리	65,250	캐나다, 러시아
기타	29,000	독일(제약)
합계 (톤)	725,000	

4) 크롬광의 화학적 처리(Chemical Process)

광석의 화학적 처리는 물리적 선별법으로 1차 처리하여 불순물을 없애고 유용광물을 농축한 후, 제련공정을 거쳐 유용한 화합물의 형태로 만드는 것이다. 이 중에서 제련공정은 보통 건식과 습식으로 구분되는데 전자는 고온 제련법 그리고 후자는 저온 제련법이라 한다.

건식제련은 1,200°C 이상의 온도에서 조업하는 것이 일반적이고, 원료를 높은 온도가 되게 함으로써 용융상태로 만들어 비중이 큰 금속은 하부에, 그리고 비중이 낮은 불순물 등은 윗부분에 남을 수 있게 하는 용탕의 방법으로 비중 차이에 의하여 금속을 생산하는 기술은 마그마(Magma) 분열(Liquation)의 원리와 같다.

습식제련은 약 섭씨 수백도 이하에서 원료를 물이나 수용액을 매개로 산이나 알칼리 등의 침출제를 사용하여 금속 성분을 용해시킨 후 정제공정을 거쳐 크롬금속이나 화합물의 형태로 회수한다.

원료의 화학적 특성을 변화시키지 않고 적당한 화학약품을 사용하여 화학 반응에 의해 다른 형태로 바꾸어 필요한 성분만을 회수하는 정제, 분리하여 회수하는 제련의 한 방법으로서 일반적인 공정은 다음과 같다.

간단하게 정리하면, 크롬 분광이나 괴광을 파쇄, 분쇄하여 미세한 (200 mesh) 크롬광에 소다회 또는 석회석(Limestone)을 섞어서 높은 열에 배소(Roasting)하여 크롬산 소다(Sodium Chromate)를 만든다. 이것을 물로 침출(Leaching)하고 칼슘이 있을 때는 황산소다를 넣어 침전시키고,

229

여과(Filtered)하고 농축해서 황산을 넣으면 중크롬산 소다(Sodium Dichromate)를 얻는다.

$$2Na_2CrO_4 + H_2SO_4 \rightarrow Na_2Cr_2O_7 + Na_2SO_4 + H_2O_4$$

중크롬산소다 용액을 냉각하여 황산소다를 정출하여 여과 분리한 후에 건조 농축하여 $Na_2Cr_2O_7 \cdot 2H_2O$를 정출(Crystallized)한다. 이 결정체를 개방로(Open Hearth Furnace)에서 유황(Sulfur)이나 탄소(Carbon)를 환원제로 하여 가열하면 환원되므로 유황소다를 물로 침출 제거하여 순수한 녹색의 산화크롬(Chromic Oxide)을 최종적으로 얻는다.

$$Na_2CrO_4 + S \rightarrow Cr_2O_3 + Na_2SO_4$$

또 다른 방법은 크롬산소다 용액에서 소량의 규산염(SiO_2)을 제거한 후에 수산화크롬으로 침전시켜서 씻어 회전로(Rotary Kiln)에서 가열하여 화학용크롬의 기본이 되는 액상의 산화크롬을 만든다.

크롬 액채상 제조공정은 다음의 그림과 같다.

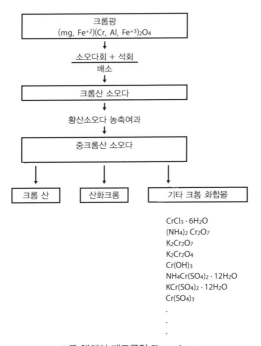

크롬광
$(mg, Fe^{+2})(Cr, Al, Fe^{+3})_2O_4$

소오다회 + 석회
배소

크롬산 소오다

황산소오다 농축여과

중크롬산 소오다

크롬 산	산화크롬	기타 크롬 화합물

$CrCl_3 \cdot 6H_2O$
$(NH_4)_2 Cr_2O_7$
$K_2Cr_2O_7$
$K_2Cr_2O_4$
$Cr(OH)_3$
$NH_4Cr(SO_4)_2 \cdot 12H_2O$
$KCr(SO_4)_2 \cdot 12H_2O$
$Cr(SO_4)_3$
·
·
·

크롬 액채상 제조공정 Flow sheet

5) 크롬화합물(Chromium Compounds)

크롬화합물은 산화크롬, 무수 크롬산, 염화제 2크롬, 중크롬산 암모늄, 중크롬산 칼륨, 크롬산 칼륨, 수산화 크롬, 크롬 칼리명반, 염기성 황산크롬, 기타 크롬 화합물로 나눌 수 있는데, 이에 대한 자세한 내용은 다음과 같다.

산화크롬(Chromium Oxide)

Cr_2O_3 / 분자량: 151.99

성질(Nature)

① 녹색 분말(6방정계) 또는 흑색 분말

① 햇빛에서는 변색되지 않으며 강한 열을 주어도 변화하지 않는다.

③ 비중 : 5.21 물, 산(酸), 알코올에 녹지 않으며, 용융점: 2,275°C, 경도 가 대단히 높으며(Mohs'scale 8) 석영보다도 강하다.

용도(Uses)

금속연마재, 고급 녹색안료, 유리, 도기, 법랑 등의 유약(釉藥), 요업용 회구(繪具), 내화 연와, 지폐, 증권, 인쇄잉크의 착색제, 도료, 야금페인트, 코발트, 시멘트기와 착색, 고무 착색제.

제조법(Production)

원료는 무수크롬산, 크롬산소다와 유황, 중크롬산염과 환원제이다
제조법은 중크롬산소다, 무수크롬산을 경유하는 방법과 수산화크롬산을 경유하여 제조하는 방법이 있다.

① 無水크롬산을 로(爐)에 넣어 약 1,300°C로 배소(焙燒)하면 산화크롬

이 얻어진다. 이것을 분쇄한다.

$$4CrO_3 \rightarrow 2Cr_2O_3 + 3O_2$$

② 크롬광석을 알칼리용융하여 배소물을 물로서 추출(抽出)하여 얻은 크롬산 소다용액에 유황을 가해서 가열 반응시키면 환원되어 수산화크롬이 침전된다. 이것을 여과분리(濾過分離), 충분히 깨끗이 씻어 건조한 후, 배소로(爐)에 넣어서 배소하면 산화크롬을 얻는다. 이것을 세정, 건조, 분쇄한다.

$$4NaCrO_4 + 6S + 22H_2O \rightarrow 4Cr(OH)_3 + 3Na_2S_2O_3 \cdot 5H_2O + 2NaOH$$
$$2Cr(OH)_3 \rightarrow Cr_2O_3 + 3H_2O$$

③ 중크롬산염을 환원제(목탄, 염화암모늄, 유황 등)와 혼합하여 $500 \sim 700^\circ$에서 소성(燒成)하여 수세한 후, 가용성 염류를 제거하고 여과, 건조, 분쇄한다.

$$Na_2CrO_7 + 2C \rightarrow Cr_2O_3 + Na_2CO_2 + CO$$
$$K_2Cr_2O_7 + 2NH_4Cl \rightarrow Cr_2O_3 + 2KCl + N_2 + 4H_2O$$

규격

공업용 1호 98.5% 이상, 2호 95% 이상

무수 크롬산(Chromic Acid)

CrO₃ / 분자량: 100.01

무수 크롬산은 보통 '크롬산'이라고 부른다.

성질

① 암적색 침상(針狀)결정, 조해성(潮海性)이 있으며 산화하기 쉬운 물질과 혼화하면 화재가 발생할 수 있으며, 독극물이다.

② 용해도는 $15°C$에서 166/100水, 에테르, 알코올, 황산에 녹을 수 있다.

③ 융점: $196°C$, $250°C$로 열을 가하면 분해하여 산소를 발생하면서 산화크롬으로 된다(비중: 2.70)

④ 물을 가하면 부식성(腐蝕性)이 강한 산(酸)이 되며, 습기를 흡수하기 쉬우므로 취급에 주의해야 한다.

용도

합성용 촉매(黃安, 메타올) 크롬도금, 크로메이트처리, 유기합성, 안료(顔料, 크롬산아연의 원료), 모염제(媒塩劑), 산화제, 의약(호모설파민, 염산부로카인, 페루가민, 퀴노펜 등), 어망(漁網)염료(탄닌정책제), 피혁탄닌, 중간물, 도자기, 색유리, 고무안료(顔料), 전지(電池)

중크롬산소다 농축액에 황산을 가하면 즉시 암적색 침상의 무수크롬산이 생성된다. 액을 농축하여 냉각, 결정을 원심분리, 건조한다.

$$Na_2Cr_2O_7 + H_7SO_4 \rightarrow 2CrO_3 + Na_2SO_4 + H_2O$$

공업용으로 무수크롬산(CrO_3) 99.5% 이상, 황산염 0.1% 이하로 되어 있다.

피부를 침해하고 공기 중에서의 허용 한도는 $1m^3$당 0.1mg이다. 유기물과 접촉하거나 환원제와 같이 두면 심한 반응을 일으킨다. 특히 강력한 환원제의 경우는 폭발을 일으키는 수가 있다.

허용농도 0.1 mg/m³(CrO_3으로서)

① 피부, 점막을 강하게 부식하며 자극을 준다. 피부염, 크롬궤상(潰傷)을 일으키는 것으로 널리 알려져 있다. 크롬산염도 또한 비슷한 성질을 가지고 비공(鼻孔)이나 피부에 궤상을 일으킨다.

② 3가(價)의 크롬염은 독성이 적지만, 6가의 크롬염(塩)은 비교적 유독

하며, 6가의 크롬산(酸)과 그 염류는 독성이 강하다. 또 불용성의 크롬염보다 가용성의 크롬산염이 한층 더 독성이 있다.

③ 크롬도금작업이나 크롬산염이 페인트분무(噴霧) 도장작업에서 간혹 보이는 것이다. 특히 크롬도금의 장해로서 도금조(槽)로부터 솟아오르는 크롬산영무(酸零霧)의 흡입으로 인해 콧구멍에 크로믹홀 (Chromic Hole)이라고 부르는 구멍이 생기는 수가 있다.

④ 인체 피부나 손톱의 뿌리나 손등에 궤상이 일어나기 쉬우며 또 눈가에도 일어나기 쉽다. 물론 눈에는 유독하며, 특히 고체크롬산은 극히 위험하다.

⑤ 크롬산에 의한 궤상 발생은 완만하며 통증이 느껴지지 않는 경우가 많으므로, 자기도 모르는 사이에 시간이 경과되어 중대한 상태까지 진행된다.

⑥ 6가크롬은 카드뮴에 의한 일본의 이타이이타이병과 수은중독에 의한 미나미타병과 함께 3대 중금속 공해병인데 한국에서도 중금속 중독으로 코뼈가 뚫려 비중격(鼻中隔) 천공이 1985. 2. 13일 발생하였다. 이것은 크롬 용액의 가스가 장시간 코를 통해 흡수되며 뼈에 구멍이 생

겨 비중격연골에 미세한 구멍이 뚫린 것이다.

⑦ 금속 크롬도 인체장해를 일으키며 그 분진(粉塵)의 흡입은 피하는 것
이 좋다. 크롬산, 크롬염의 내과적인 장해로서는 신장(腎臟)장해나 장
(腸) 장해로 알려져 있다.

저장상의 주의

① 철제용기에 넣어서 밀폐 보관한다.
② 냉소에 보관하고 화재의 위험이 없는 곳에 보관한다.
③ 유기산 환원제와 같이 보관해서는 안 된다.

운송상의 주의

연소(燃燒)하기 쉬운 물질로부터 적당히 떨어진 곳에 적재하고, 찬 곳에
적재한다.

혼재 금지품

화약류, 인화성 액체, 가연성 고체, 유기과산화물

보호구

보호 의류, 장갑, 안경, 장화, 방진 마스크를 착용하고 화재 시 모래나 많

은 물을 사용한다.

무수크롬산 접촉(接觸)위험 물질표

접촉 위험 물질명	화학식	적요
황인 (Yellow Phosphous)	P	폭발적인 반응의 위험성
유황 (Sulfur)	S	가열하면 발화의 위험성
칼륨 (Potassium)	K	백열광을 발생하는 반응의 위험성
아세톤 (Asetone)	CH_3COCH_3	발화의 위험성
에탄올 (Ethanol)	$CHCH_2OH$	발화의 위험성
피리딘 (Pyridine)	C_3H_3N	조건에 따라서 폭발의 가능성
초산 (Acetic Acid)	CH_3CO_2	가열하면 폭발의 위험성
무수초산 (Acetic Anhydride)	$(CH_3CO)_2O$	심한 폭발의 위험성
글리세린 (Glycerin)	$OHCH_2CH(OH)CH_2OH$	반응이 심하며 때로는 발화의 위험성
페리시안화 칼륨 (Potassium Ferricyanide)	$K_3[Fe(CN)_5]$	가열, 분쇄, 마찰에 의하여 심한 발화, 폭발의 위험성
암모니아 (Ammonia)	NH_3	상온에서도 연광(然光)이 따르는 분해의 위험성
황화수소 (Hydrogen Sulfide)	H_2S	백연광을 발생하여 분해의 위험성
황화제1크롬 (Chromium Sulfide)	CrS	발화의 위험성

염화제2크롬(Chromic Chloride)

$CrCl_3 \cdot 6H_2O$ / 분자량: 266.48

성질

① 녹흑색에서 인상의 결정 또는 괴, 혹은 분말. 비중 2.57 용융점 150°C

② 염소가스 중에서 가열하면 승화되고, 공기 중에서 작열하면 염소 가스가 발생한다.

③ 조해성이 있음, 무수염화 코발트는 물, 산, 알코올, 아세톤, 2황화탄소에 불용, 함수염화 코발트는 물, 알코올에 녹을 수 있다.

④ 상거래는 보통 40% 용액

용도

염색 보조제, 모염제, 크롬염류, 크롬도금, 크롬탄닌

제조법

중크롬산나트륨 용액에 황산을 가하여 유기물로 환원시켜 황산크롬 용액으로 하여, 소다회(灰)를 가해서 탄산크롬의 침전을 만들어 여과 세척한 후 염산을 가해서 용해, 이것을 가열 농축하여 제조한다.

① 황산염(SO4): 0.05% 이하

② 크롬산염: 한도 내 중금속(Pb) 0.003% 이하

③ 철(Fe): 0.05% 이하

④ 알루미늄(Al): 0.022% 이하

⑤ 알칼리토류 및 알칼리 황산염: 0.5% 이하

⑥ 암모늄(NH4): 0.03% 이하

⑦ 크롬(Cr) 함량: 17~23%

중크롬산 소다 (Sodium Dichromate)

$Na_2Cr_2O_7 \cdot 2H_2O$ / 분자량: 298.00

성질

① 황색 단사정계 결정 및 황색액체, 조해성이 있는 적색

② 비중: 2.52, 100°C에서 결정수를 잃고 400°C에서 분해, 물에 쉽게 녹는다. 알코올에는 녹지 않는 강력한 산화제이다.

용도

크롬화합물로서는 가장 중요하며, 모든 크롬화합물은 이것으로부터 제조된다. 크롬탄닌, 염료 염색의 반응성 안료의 원료 및 매염제, 황연(黃鉛), 크롬녹 등 크롬산계 안료의 원료, 유기합성공업(아세틸렌가스의 청정제) 및 산화제, 금속표면 산화 및 처리(크로메이드 처리 금속착색), 촉매, 방부제, 분석시약, 포피(鞄皮), 전기도금 산화제, 명반, 방수포, 의약, 동판조각, 전지, 불꽃, 성냥, 시약, 인쇄 잉크, 염색가공용, 사진, 화약(과염소산암몬), 목재 방부제.

제조법

크롬광, 소석회, 소다회 또는 가성소다를 분쇄 혼합하여 회전로(Rotary Kiln)에서 배소한다. 이 배소물을 침출시켜 크롬산소다액을 얻은 다음 이

것을 황산을 가해서 중크롬산소다와 망초(芒硝)를 생성한다. 부수적으로 생성되는 망초는 농축 중에 축출 분리하고, 모액은 여과 냉각해서 중크롬산소다의 결정을 취하여 탈수 건조한다.

$$2FeO \cdot Cr_2O_3 + 4Na_2CO_3 + 4Ca(OH)_2 \longrightarrow Fe_2O_3 + 4Na_2CrO_4 + 4CaCO_2 + 4H_2O$$
$$2Na_2CrO_4 + H_2SO_4 + 4H_2O \longrightarrow Na_2Cr_2O_7 \cdot 2H_2O + Na_2SO_4$$

규격

공업용 99.3% 이상, 염화물(Cl) 0.2% 이하, 황산염(SO_4로서) 0.2% 이하

취급 주의사항

흡습성이 있으므로 밀봉해서 보존한다.

중크롬산소다와 접촉위험물질

접촉 위험 물질명	화학식	적요
무수작산(Acetic anhydride)	$(CH_3CO)_2O$	발열, 폭발의 위험성
황산(Sulfuric asid)	H_2SO_4	조건상 심한 반응의 가능성
히드록실아민(Hydroxylamin)	NH_2OH	강한 폭발의 위험성
에탄올 황산		폭발의 위험성
트리니트로톨루엔 황산		발화의 위험성

중크롬산 암모늄(Ammonium Dichromate)

$(NH_4)_2Cr_2O_7$ / 분자량: 252.10

성질

① 적색 침상 결정 단사정계 결정

② 비중 : 2.15 융점: $1,850°C$에서 분해한다.

$$(NH_4)_2Cr_2O_7 \rightarrow 4H_2O + Cr_2O_3$$

③ 물, 무수알코올에 녹음, 용해도: $30°C$에서 47.17/100水

용도

그라비아 인쇄 및 사진 제판, 피혁가공, 염료, 염색, 유기합성의 산화제, 촉매, 알리자린제조, 모염제, 매염제(媒染), 유지세척, 양초의 심지, 향료, 석판조각, 불꽃, 염화수소, 크롬 명반

제조법

무수크롬산을 물에 용해하여 반응조에 넣어서 암모니아 가스를 넣고 흡수시키면 중크롬산 암모늄 용액이 생성한다. 황산암모늄 혹은 염화암모늄과 중크롬산소다를 복분해하여 제조한다.

$$(NH_4)_2SO_4 + Na_2Cr_2O_7 \rightarrow (NH_4)_2Cr_2O_7 + Na_2SO_4$$

공업용 96% 이상

충격을 주어서는 안 된다, 소화 시에는 많은 물을 사용한다.

허용농도 0.1mg/m³ CrO_3로서, 피부에 닿으면 즉시 많은 물로 세척한다. 먹었을 때에는 차아황산소다액으로 세척, 산화마그네슘 10g을 물에 1,000cc에 녹인 것을 먹이고는 토하게 하며 병원 치료가 필요하다.

① 소방법에 의해서 준위험물로 지정

② 독극물 취급법에서 극물로 지정

③ 위험규칙에서 산화성 물질로 규정

④ 항칙법(港則法)에서 위험물 산화성 물질로 지정

중크롬산 칼륨(Potassium Dichromate)

K₂Cr₂O₇ / 분자량: 294.20

성질

① 적색 주상(柱狀), 3사정계 판상결정, 가열하면 산화크롬과 크롬산칼륨으로 된다. 쓴맛과 금속성의 맛이 있다.

② 비중: 2.69, 용융점: 398°C, 비등점: 500°C에서 분해되어 산소를 발생한다. 15°C에서의 용해도: 8.89/100水

③ 알코올에는 녹지 않으며, 유독한 강력 산화제이다.

용도

크롬가공, 안료(크롬산아연의 원료), 크롬산염, 유기합성의 산화제, 성냥, 불꽃, 의약품 제조원료 작산정제, 장뇌, 중크롬산염제조, 안식 향산제조, 가죽코팅, 염료, 우지와 햄류 표백, 매염제 및 염색날염(捺染), 크롬 사진인쇄, 크롬안료, 폭약, 방부제, 향료합성, 분석시약, 인쇄잉크, 크롬도금용, 사카린제조, 전지·수성가스의 변성용 촉매, 황동의 화학연마용, 인조보석, 칼리명반제조 착화제

제조법

크롬광석, 석회, 소다회를 분쇄, 혼합하여 회전로에서 배소한다. 이 배소물

을 추출하여 크롬산 용액을 얻어서, 이것을 황산을 가하고 중크롬산 용액에 염화칼륨을 가해서 용해, 가열 반응시키면 중크롬산 칼륨과 염화나트륨과의 혼액이 된다. 이것을 다시 농축해서 염화나트륨을 추출, 제거하여 방냉하면 중크롬산 칼륨의 결정이 추출 하여, 분리 재결정하여 정제한다.

$$Na_2Cr_2O_7 + 2KCl \rightarrow K_2Cr_2O_7 + 2NaCl$$

제조 공정도

| 중크롬산 소다액 + 염화칼륨 용액 | = | 반응 → 농축 → 여과 → 냉각 결정 → 분리→ 재결정 → 건조 | ▶ | 중크롬산 칼륨 |

규격

공업용 99.7% 이상

취급 주의

저장상의 주의: 화기엄금, 강력한 산화제이므로 가연물, 폭발물 등과 멀리 떨어진 냉암처에 저장한다. 수송상의 주의에서도 적재 규제를 받는다. 물을 뿌려 소화한다.

인체에 미치는 독성

허용농도 0.1mg/m³, 크롬산염에 의한 중독은 입과 식도가 적황색으로 채색되고, 그 후 청록색으로 변한다. 복통이 일어나고 녹색인 것을 토하며 혈변을 배설한다. 심하면 혈뇨(血尿)가 나오며 경련을 일으킨다. 해독법은 차아황산(次亞黃酸) 소다액으로 위를 씻는다.

① 산화마그네슘 10g에 물 1리터를 희석하여 마신다.
② 우유, 달걀 흰자 등을 먹인다. 여러 번 먹이고 토하게 한다.
③ 피부에 닿았을 때에는 비눗물로 충분히 세척 한다.
④ 눈에 들어갔을 때에는 15분 이상 맑은 물로 씻은 다음 병원의 치료를 받는다.

보호 장비

작업할 때에는 피부를 완전히 방호하며, 보호 안경, 보호 의류, 방진 마스크, 호오스마스크를 사용한다.

접촉 위험 물질

접촉 위험 물질명	화학식	적요
히드록실 아민(HYdroxyamin)	NH_2OH	심한 폭발의 위험성
아세톤+황산		발화의 위험성

국제 적용 법규

① 소방법에서 준위험물로 지정

② 독극물 취급법에서 극물로 지정

③ 위험규칙에서 유해성 물질로 규정

용해도표(크롬산 칼륨 및 중크롬산 칼륨)

화학식	온도(°C)					
	0	20	40	60	80	100
$K_2Cr_2O_4$	58.90	62.94	66.98	71.06	75.06	79.10
$K_2Cr_2O_7$	4.6	12.4	24.9	45	68.6	94.1
K_2CrO_7	4.97	13.1	29.1	50.5	73.0	10.2

크롬산 칼륨(Potassium Chromate)

$K_2Cr_2O_4$ / 분자량: 194.21

성질

① 황색의 사방(斜方)계 결정, 결정수는 없음, $670^\circ C$ 이상에서 적색의 결정이 된다.

② 용해도는 온도에 따라서 별다른 변화는 없다. 상자성수(常磁性水)에 녹기 쉽다. 에탄올에 불용, 열에는 화학적으로 분해되지 않고 융해된다.

③ 융점: $970^\circ C \sim 980^\circ C$

용도

크롬산염의 제조, 산화제, 매염제, 안료, 분석시약, 가죽코팅, 잉크

제조법

① 중크롬산칼륨 열수용액에 탄산칼륨을 가해서 약알칼리성이 될 때 농축방냉하면 결정이 얻어진다.

$$K_2CrO_7 + K_2CO_3 \rightarrow 2K_2CrO_4 + CO_2$$

② 백금명(皿)에 중크롬산칼륨과 수산화칼륨의 용액을 혼합한다.

③ 질산칼륨, 수산화칼륨, 산화크롬(Ⅲ)을 혼합하여 강열한다.

① 시약특급 1급 규격

② 수용상: 한도 내

③ 유리알칼리(KOH) 0.2% 이하

④ 염화물(Cl) 0.005% 이하

⑤ 황산염(SO_4) 0.03% 이하

⑥ 알루미늄(Al) 0.01%

⑦ 칼슘(Ca) 0.02% 이하

⑧ 함량 99.0% 이상

취급방법

허용농도 0.5mg/m³ (CrO_3)

국제적용법규

독극물 취급법에서 극물로 지정

크롬
Chromium

수산화 크롬	
	Cr(OH)₃

성질

① 수산화 제2크롬이라고도 한다. 암녹색 침전으로 보통 조성은 일정하지 않아 $Cr_2O_3 \cdot nH_2O$로 나타낸다.

② 물에서는 안 녹지만 암모니아수에는 녹는다. 양면성 수산화물로 알칼리와 반응하여 아크롬산을 산과 반응하여 그 염을 만든다.

③ 새로 생긴 수산화물은 산에 녹아 청색 내지 녹색 용액을 만들지만, 오래된 침전물은 산에 잘 녹지 않는다. 가열하면 탈수하여 산화크롬이 된다.

④ 3가의 크롬염에 알칼리를 가하면 회록색 침전으로서 생긴다.

용도

공업적으로는 황화나트륨, 황화칼륨 등이 사용된다. 안료, 매염제, 촉매 등으로 사용된다.

크롬 칼리명반(Chromic Potassium Alum)

KCr(SO4)2 · 12H2O / 분자량: 499.942

성질

① 암자색의 팔면체결정, 300°C에서 무수물(無水物)로 된다. 수용액은 차가울 때는 암자색이나, 열을 주면 80°C에서 녹색이 되고 증발하면 녹색무정형의 괴가 된다. 오래 방치하여 냉각되면 서서히 청자색으로 변한다.

② 물에 녹으며 알코올에는 불용, 가성알칼리를 반응시키면 콜로이드상 수산화 크롬이 침전된다.

③ 비중: 1.84, 용융점: 89°C

용도

매염제, 유리, 도기 및 범랑기의 유약, 섬물(纖物)방수제, 피혁가공제, 사진제판정착액, 카라코날염, 잉크 및 기타 크롬 화합물의 제조, 도금 크롬 방수제.

제조법

중크롬산칼륨과 과잉의 황산을 물에 가열 용해하고 한편, 아황산가스를 정제 냉각한 후 이것을 첨가하여 60°C 이하에서 반응시킨다. 반응 후 방냉(放冷), 정출, 탈수, 건조한다.

$$K_2Cr_2O_7 + H_2SO_4 + 3SO_2 + 23H_2O \rightarrow 2KCr(SO_4)_2 \cdot 12H_2O$$

규격

공업용 99% 이상, 시약에도 규정이 있음

염기성황산크롬(Basic Chromic Sulfate)

$$Cr(SO_4)_3$$

성질

① 암녹색 분말, 물에 녹는다, 알코올에 불용, 흡습성이 있음.

② 주성분은 염기성황산크롬이며, 크롬 21%~26%, 염기도 32~67%

용도

피혁 코팅 가공제

기타 크롬 화합물(Others Chrome Compound)

물질명	화학식	적요
질산 크롬	$Cr(NO_3)_3$	크롬촉매, 부식방지제
인산 크롬	$CrPO_4$	안료, 촉매
크롬산 리튬	$LiCrO_4$	방부제, 산화제
크롬산 나트륨	Na_2CrO_4	철방청제, 안료, 염색, 산화제
염화크롬산 칼륨	$KClCrO_3$	산화제
크롬산 암모늄	$(NH_4)_2CrO_4$	사진, 촉매, 방부제, 시약
크롬산 구리	$CuCrO_4$	매염제
크롬산 마그네슘	$MgCrO_4 \cdot 7H_2O$	방청제, 경금속표면처리제
크롬산 칼슘	$CaCrO_4$	안료
크롬산 스트론튬	$SrCrO_4$	안료, 방청도료
크롬산 바륨	$BaCrO_4$	내식성 접착제, 도료
크롬산 아연	$ZnCrO_4$	안료, 내식제
크롬산 납	$PbCrO_4$	안료, 도료, 잉크, 플라스틱
중크롬산 칼슘	$CaCr_2O_7$	촉매, 방부제
중크롬산 아연	$ZnCr_2O_7$	안료

6) 크롬의 색(Chrome Colour)

크롬은 발색원소로서 일반적인 색(色)은 녹색(Chrome Green)이다. 무기 물질에 함유되어 있는 일정한 원소에 기인하는 색깔을 생각하게 되는데 이러한 발색 물질(Colouring Materials)은 유색의 화합물질을 만드는 금속 원소 Cr, Mn, Ni, Fe, Cu, U 등은 언제나 색을 주는 원소이다.

그러나 저화도(低火度)의 알칼리 유약에서는 황색을 나타내며 납(Pb)유약에서는 적색을 얻을 수 있다. 또 특수한 색으로는 크롬주석핑크가 있는데, 여기서도 적은 양의 크롬으로 핑크 또는 진한 자색을 띤 적색의 정색(呈色)을 보이므로 붉은 계통의 채료(Stain)로 널리 사용한다.

크롬광의 소성 색상을 〈표 4-59〉에 정리하였다.

〈표 4-59〉 크롬광의 소성 색상

채료 크롬광 계열	소성색	온도(°C)	소성 분위기
$MgO \cdot Cr_2O_3$	오녹색	1.000	산화
$ZnO \cdot Cr_2O_3$	갈녹색	1.000	산화
$MnO \cdot Cr_2O_3$	녹회색	1.100	환원
$NiO \cdot Cr_2O_3$	태녹색	1.000	산화
$CoO \cdot Cr_2O_3$	청녹색	1.000	환원
$CuO \cdot Cr_2O_3$	흑색	1.100	환원
$FeO \cdot Cr_2O_3$	갈흑색	760	환원
$CdO \cdot Cr_2O_3$	담녹색	1.100	환원

(1) 채료(Stain)의 제조

무기재료에 있어서 색을 찾을 때 가장 중요한 재료는 채료이다. 채료의 제조에서 일반적인 요건은 원료, 혼합, 소성, 소성물의 처리 등이다. 채료는 열적, 화학적으로 안정된 것이 요구되기 때문에 안정된 화합물이나 고용체(Solid Solution)이다. 결과적으로 안정된 화합물, 고용체의 합성이 채료의 재료다

- 원료

Cr_2O_3, K_2CrO_7, $PbCrO_4$(Crocoit)

- 혼합(Mixing)

채료의 조성에 따른 조합물을 혼합하는 방식에는 건식, 습식 및 공침법(共沈法)이 있다. 그중에 포트밀(Pot Mill)을 이용한 습식법은 조합물의 균일조성과 균일한 특성의 보장이 어렵고, 분쇄매개체 내장물(Linner)과 밀(Mill) 속에 들어가는 둥근 돌(球石) 성분의 혼입이 불가피하므로 분쇄조건과 분쇄시간의 조절이 필요하다.

- 소성(Firing)

소성 온도는 대개 $1,000 \sim 1,300°C$이다. 소성 분위기는 일반적으로 산화분위기(Oxidation Atomoshere)로 하며 소성 시간은 길게 하며, 한번 소성한 것을 분쇄하고 씻은 다음에 같은 온도에서 다시 소성한다. 소성은 단계적으로 낮은 온도에서 소성하고 분쇄한 다음 최종으로 목적하는 광물의 생성을 촉진할 필요한 광화제(Mineralizer)의 선택이 중요하다.

- 소성물의 처리

소성물은 일반적으로 미분쇄한 다음 더운물로 세척한다. 그러나 묽은 산이나, 진한 산으로 씻어서 가용성분을 제거하여야 할 경우도 있다.

크롬
Chromium

(2) 크롬과 채료

채료가 일종의 합성광물이며, 그 구성광물을 분류하여 조합을 찾는 것이 조합법을 중심으로 주로 필요한 채료를 제조의 주안점이다. 크롬녹(Chrome Yellow)과 카드뮴 황(Cadmium Yellow)은 가장 대표적인 합성(Synthesis Method) 공업용 물감으로 사용되고 있다. 노란색 안료는 미국에서는 학교 통학 버스, 유럽에서는 우체국 표지판 도색에 사용된다.

크롬 색과 빛의 가시광선을 〈표 4-60〉에 정리하였다.

〈표 4-60〉 크롬색과 빛의 가시광선(Visible Light)

색	파장 범위($m\mu$)	채료
Red blue	380~436	
Blue	436~495	Cobalt
Green	495~566	Chrome Green
Yellow	566~589	Chrome Yellow
Red yellow	589~627	
Red	627~780	Cadmium

이와 같이 균일한 물질이면서 조성이 일정하지 않은 것이 고용체(Solid Solution)이다. 따라서 채료는 대부분이 고용체이다. 천연의 광물에는 조성이 일정치 않은 경우가 많은데 이 점에서 채료는 천연 광물과 흡사하다. 천연적으로 산출되는 $3CaO \cdot Cr_2O_3 \cdot 3SiO_2$와 같은 화합물에는 약간의 크롬이 고용되어 있어 여러 색을 나타낸다.

색과 가시광선에서 투명성은 색의 굴절이 적을수록 높다. 또한 착색력은 입자가 적을수록 증가하여 표면적이 늘어나기 때문이며, 이것은 흡입량이 증대하는 사실에서도 알 수 있다.

크롬 노란색

〈표 4-61〉에 크롬 색과 굴절률을 정리하였다.

〈표 4-61〉 크롬색과 빛의 굴절율

색	굴절률(n)
티탄 백색	2.6~2.9
산화아연 황색	2.0~2.02
산화철 황색	2.00~2.10
크롬 황색	2.31~2.49
군청색	1.50~1.54
석영	1.46
물	1.33
공기(1기압, 15℃)	1.00028

- 크롬-티탄 황(黃)(Yellow)

채료는 안티몬과 크롬을 고용한 금홍석(Rutile)으로 1,200°C 소성하여 제조한다. 황색, 적색을 띤 중크롬산칼리(Potassium Dichromate)를 약 3% 첨가한 황색이다. 또한 크롬산 납($PbCr_2O_4$) 5%와 산화 안티몬을 넣어 적색을 많이 띠어서 오렌지색을 얻는다.

- 크롬-알루미늄 핑크(Pink)

$ZnO \cdot (Al, Cr)_2O_3$ 표시할 수 있는 스핀넬 광물이다. 1,200°C에 소성하여 만드는 크롬주석 핑크보다 약간 붉은 색을 더 띠고 있다. 여기에 산화크롬 12%를 더 배합하면 노란색이 더하다. 특히 스핀넬계는 반응이 잘 되므로 광화제(Mineralizer)가 필요 없으나 붕산이나 염화칼리를 첨가하여 발색이 짙어진다.

- 크롬-빅토리아 그린(Victoria Green)

중크롬산 칼리를 36%와 규석, 형석, 석회석 등의 구성광물을 소성하여 녹색을 얻거나, 산화크롬 22.7%를 첨가하는 석류석(Garnet)형의 주 구성광물을 1,150°C 소성하여 만든 노란색을 띤 녹색이다.

- 크롬-주석 핑크(Tin Pink)

$CaO \cdot SnO_2 \cdot SiO_2$에 크롬이 고용하여 발색하는 것으로 여겨진다. 중크롬

산 칼리 3%를 첨가하여 1,200°C에 소성하여, 진한 자색을 띤 적색으로부터, 자색을 띤 핑크까지 여러 색을 얻을 수 있다.

- 황색(Zinc Chromate) [$ZnCrO_4 \cdot 4Zn(OH)_2$]

황색 분말로서 아연과 슬러리에 중크롬산 칼리와 무수크롬산을 첨가하여 얻어지는 안료색이다.

- 황색(Strotium Chromate) [$SrCrO_4$]

황색 분말의 비중이 3.7~3.9로서 내열성, 저장성이 양호하므로 고온 소부 도료나 수계도료 계통으로 용도가 많다.

5
—
환경
Environment

5.1 크롬이 인체에 미치는 영향

인체에서 크롬원소는 대부분 3가(Trivalent)크롬과 6가(Hexavalent)크롬
의 형태로 존재한다. 췌장호르몬인 인슐린의 작용을 강화하며 포도당의
이용을 촉진시키며 일반적으로 6가크롬이 3가크롬보다 흡수가 잘되는 것
으로 알려진 필수적인 무기질 영양가이다.

   1) 식사에서의 크롬

크롬의 인체에 공급원은 간, 견과류, 통곡류, 맥주효모, 도정하지 않은 곡
류가 포함되며, 우유, 신선한 야채, 과일은 불량급원이다. 흰빵, 흰쌀은 도
정과정에 크롬이 손실되고 다시 강화하지 않기 때문에 또한 불량급원이
다. 일상에서 사용하는 스테인리스강철 용기로 조리 시 크롬이 용출되어
식품으로 들어가므로 크롬의 섭취가 증가할 수 있다.

   2) 체내에서의 크롬

흡수 후에 크롬은 혈중으로 운반하기 위해 크롬의 친화성분인 철분 운반

단백질 트랜스페린과 결합한다. 크롬은 탄수화물과 지질(Lipid)의 대사에 관여하는데 탄수화물을 섭취할 때 인슐린이 분비되어 세포막에서 수용체와 결합한다

이 결합은 세포로 포도당이 유입되도록 단백질과 지방질의 합성을 증가시킨다. 크롬이 인슐린과 결합된 후 인슐린 리셉터에 결합되는 작은 펩티드(Peptide)의 구성원소로서 역할을 하는 것으로 믿어진다. 크롬이 결핍되면 이 펩티드는 동일한 효과를 내기 위하여 더 많은 인슐린을 취하게 된다. 특히 우리 몸에서 단 것을 원하는 것은 크롬이 부족하다는 신호이다. 크롬은 혈액 내의 포도당을 흡수해 체세포에 공급하는 것을 용이하게 해주는 무기질이다. 일정치 않은 혈당을 고르게 해주는 역할을 한다. 따라서, 직접 당분보다는 식용동물의 간, 콩팥, 닭고기, 당근, 감자, 브로콜리, 아스파라거스, 달걀 등을 먹어주는 것이 더 좋다.

3) 크롬 섭취 권장량

균형이 잡힌 식사에서의 크롬량에 근거하여 권장량 지침은 남자의 경우 하루 35μg, 여자는 25μg으로 정해져 있으며 임신기와 수유기에는 증가한다. 미국 NAS(National Academy of Sciences)에 의하면 식품에 성인 하루

평균 3가크롬 적정량 범위를 60~80μg으로 설정했다.

식품과 농작물에 함유된 크롬 함유량을 〈표 5-1〉에 정리하였다.

〈표 5-1〉 식품과 농작물의 크롬 함유량

식품	Cr 함유량(mg/kg)	식품	Cr 함유량(mg/kg)
돼지고기	<0.01~0.09	양배추	0.001~0.03
소고기	<0.01~0.05	양상추	0.005~0.08
닭고기	0.001~0.08	토마토	0.002~0.01
돼지 간	0.003~0.16	당근	0.02~0.13
생선	0.002~0.23	양파	0.005~0.02
우유	0.002~0.02	감자	0.002~0.035
치즈	0.01~0.13	사과	0.003~0.03
요구르트	0.005~0.04	오렌지	<0.001~0.02
달걀	0.005~0.02	바나나	0.02~0.05
밀곡식	0.007~0.06	딸기	<0.002~0.02
밀가루	0.010~0.03	호두	0.08~0.29
빵	0.01~0.13	차(black)	0.62~2.6
쌀(peeled)	0.01~0.03	커피(roasted)	0.01~0.05
콩	0.05~0.10	모유	0.0003

4) 크롬 결핍증

결핍 증상은 당뇨병과 유사하게 대내성이 손상되는 것인데, 혈당의 상승, 인슐린 농도의 증가를 보인다. 따라서 크롬의 결핍은 제2의 당뇨병의 역할을 한다는 증거가 있다. 혈중 콜레스테롤 농도를 증가시킬 수 있다. 또한 심

장혈관병 유발, 신체 균형 저하, 정자수 감소, 비만율 증가, 다당증(Fasting Hyperglycemia), 생식력 손상, 포도당 균형 손상, 당뇨 유발 등이 있다.

5) 체내 분포와 존재형

세포내의 크롬의 대부분은 핵분획 중에 존재하는데 이것이 금속의 특징이다. 혈액 중으로 들어간 크롬 중 3가크롬은 대부분 혈구 내로 들어가지 못하고 Transglobin 등의 혈청단백질과 결합해서 6가크롬은 신속히 적혈구 내로 들어가 3가크롬으로 환원되어 Hemoglobin과 결합하여 존재한다.

6) 의약품

무기염으로 염화크롬(Ⅲ)도 있으나, 유기산의 착물로서 Cr-Picolinate와 Cr-Nicotinate가 사용된다. 그런데 두 착물을 각각 투여한 후, 에어로빅 운동을 장시간 시켰을 때 근육증가율은 전자가 3배 높았다는 보고가 있다. 크롬 용량은 내당 장애와 체중감소의 목적으로 1일 400~600μg이 권장되고 있다. 따라서 인체 내에 크롬용량이 체중을 줄이는 경향이 있다고 일부 국가에서는 미용 건강식품에 도움을 찾고 있다.

5.2 환경에 미치는 영향(Environmental Effect)

1) 자연에의 크롬 분포

지각(Earth Crust) 중에 크롬 원소는 평균 180ppm 이상 존재하며, 토양 중에는 약 20ppm 농도로 존재하는 것으로 알려져 있다. 크롬과 그 화합물은 많은 용도에 이용되어 크롬의 환경 방출로 지표 및 지하 수중에 오염되며 그 농도는 지표수에서 84μg/L 지하수에 50μg/L 수준으로 오염되었다는 보고가 있다(US EPA, 1987) 그러나 크롬은 일반적으로 물에 융해성이 낮기 때문에 물속에 존재량은 9.7μg/L로 매우 낮다. 보편적으로 천연수 중에 총 크롬농도가 10μg/m³ 이하로 존재하나, 오염지역 수질 중에는 25μg/L를 초과하는 경우도 있다. 빗물 중에 크롬 농도는 0.2~1μg/L 이며, 지하수는 1μg/L 이하로 낮게 존재한다.

우리나라의 토양 중에 오염되지 않은 농경지로 판단되는 논과 토양의 가용성 중금속 함유량 조사(1988년) 결과에 의하면 전국 평균치로서 크롬의 자연 함유량이 0.493ppm(가용성)으로 평가되었다.

식품 중 크롬 함유량은 10~1300μg/L이 존재하며, 육류, 생선, 과일, 채소 등에서 높은 함유율을 보였다.

이 밖에 기타 환경에 존재하는 크롬을 〈표 5-2〉에 정리하였다.

〈표 5-2〉 기타 환경 중 크롬

구분	환경 중의 크롬 존재량
지각 중 원소 구성	10 ppm
	(80 ppm~200 ppm, 평균 125 ppm)
토양	10~150 ppm
암석	2,000~3,000 ppm
하천	0.7~84 ppb(대부분 1~10 ppb)
해수	0.04~0.46 ppb
	추정상 크롬이 매년 6.7×10^6 kg씩 바다로 유입됨
해저토	70~150 ppm
대기(1969년 평균치)	도시: 0.01~0.03μg/m³
	농촌: 0.01μg/m³이하
	도쿄: 0.03~0.14μg/m³
	북극: 5~7pg/m³
석탄	10~1,000ppm(평균 20ppm)
석유	평균 0.3ppm
식물	평균 0.2ppm (건중량)

2) 화합물(Compound)

크롬화합물 중에서 물에 녹아있는 3가크롬원소는 인체에 유해하지 않고, 6가크롬은 독극물이며 인체 내에 암을 유발시키는 화합물이다. 산업현장에서 염색, 페인트, 가죽 제조에 많은 양의 사용은 폐기된 지하수와 일반 땅에서 검출되고 있다. 특히 6가크롬이 함유된 페인트는 항공기와 차량

제조에서 최종 표면에 칠하는 공정에 널리 사용하고 있다.

따라서 유발되는 환경 문제의 정화와 복구에 세계는 노력하고 있다. 선진국들의 직업건강안전 부서에서는 작업장에서 허용할 수 있는 3가크롬의 노출 한계를 평균 시간당 용량을 $0.7mg/m^3$으로 추천하고, 인체 건강에 가장 유해한 치수를 $200mg/m^3$으로 규정했다.

크롬은 공장의 작업장 대기 등의 오염과 함께 석탄 연소(10ppm)시, 석유(0.05%)의 배기가스, 제철공장의 폐액, 각종 화학상품의 사용과 폐기 후의 처리(연소나 매립) 등을 통해 일반 환경으로 방출된 그 양은 세계 전체에서 연간 150억 톤에 달하고 있다.

일본의 2001년도 PRTR에서도 크롬폐기물로서의 계출 이동량이 약 13,000톤에 이르고 있으며 모든 사용 화학물질 중 제3위를 차지한다. 이 때문에 도시의 대기 중에 $0.01μg/m^3$, 음료수 중에 $0.4~4μg/m^3$, 식품 중에 $0.03~0.3ppm$의 크롬오염이 보인다. 또 일반 사람이 1일 섭취하는 양은 $200~300μg$에 이른다. 해수 중에서는 패류의 농축이 많고, 특히 굴에 대하여는 현저하다.

따라서, 일본의 경우 노동환경 대기 중 허용농도가 3가와 6가크롬 화합물에 관하여 0.5mg/m³, 1µg/m³이다. 미국에서는 크롬과 그 화합물 일반에 대하여 유해대기, 수질오염 물질, 그리고 유해 폐기물로 지정되어(일부 지역의 일반 환경 대기 중 허용농도는 0.068µg/m³) 있다.

또 WHO는 크롬 총량의 음료수 중 허용농도를 50µg/liter로 설정되어 있다. 6가의 화합물은 Basel 조약의 대상 물질이다.

우리나라의 경우 먹는 물 관리법(시행령 및 시행규칙)에서 먹는 물, 수돗물 중의 크롬의 허용기준은 0.05µg/liter 이하로 규정되어 있다. 토양환경 보전법(시행령 및 시행규칙)에서 토양 중의 크롬의 허용기준은 농경지에서 4mg/kg 이하 그리고 공장, 산업 지역에서 12mg/kg 이하로 규정되어 있다.

3) 크롬과 피혁 환경(Tanning Leather)

인간이 환경의 지배하에서 삶을 영위하기 위한 방편으로 불가피하게 가죽을 만들어 의식주를 해결하는 차원에서 도구를 이용하면서 각종 짐승의 가죽을 무두질하기 시작하였다. 가죽을 저장성이 좋게 하고 부패를 방지하며, 건조하여도 경화되지 않는 독특한 특성을 살리기 위해 크롬 화합물을 사용하는 것이다.

가죽 Tanning 작업

크롬 유제(Tanning Agent)는 외피의 섬유상 단백질을 안정된 금속 물질로 바꾸어 변질되지 않고 내열성 및 신축성 등 물리화학적 변화를 적용할 수 있는 성질을 부여하므로 최종 피혁의 용도에 알맞은 소재를 제조하는 데 매우 중요한 역할을 한다.

무두질 화합물질(Compound)

그러나 크롬 유제 사용 문제는 크롬 오염 슬러지(Sludge)의 소각할 때 발생하는 6가의 크롬으로 전환 혹은 석회의 크롬 오염으로 인한 가축의 사료로의 이용 규제 등 크롬 사용 문제는 특히 개발도상 국가에서는 매우 심각하다. 따라서 환경적으로 크롬유제의 주성분 염기성 크롬($Cr(OH)SO_4$) 폐수의 직접 순환 이용을 실제 공장에서 실용화함에 있어서 중요한 사항은 크롬 폐수액의 분리와 저장 방법을 오랫동안 연구 및 사용하고 있다.

4) 세계 각국의 크롬화합물 배수 기준

세계 각국의 크롬 화합물 배수기준을 〈표 5-3〉에 정리하였다.

〈표 5-3〉 세계 각국의 크롬 화합물 배수 기준

국가	크롬 화합물 (mg/L)		
	6가	3가	기타
아르헨티나	0.2	2	-
호주	0.5	-	4
독일	0.05	-	1
프랑스	0.1	1	-
이탈리아	0.2	2	-
일본	0.5	-	2
스페인	0.2	2	-
영국	0.1	2	-
헝가리	0.5	2	-
폴란드	0.2	-	0.5
한국	0.5	2	-

출처: World leather journal(2002)

5) 한국의 규제법규 및 기준(Domestic Rules)

〈표 5-4〉는 한국의 크롬 화합물 배수기준을 나타내고 있다.

〈표 5-4〉 한국의 국제법규 및 기준

규제법령	크롬의 각종 기준	규제기준 구분
환경정책 기본법	6가크롬(Cr^{6+}): 0.05mg/L 이하 (하천, 호소, 해역)	수질 환경 기준
유해화학물질 관리법	크롬산 염류 및 이를 0.1% 이상 함유하는 혼합물질. 다만 크롬산 납을 70% 이하 함유한 것은 제외	유독물
폐기물 관리법	6가크롬 화합물 1.5µg/L	광재, 분진, 폐주물사, 폐사, 폐내화물, 폐촉매, 폐흡착제, 소각잔재물
토양환경 보전법	6가크롬: A지역 1: 4mg/kg	토양오염우려기준
	6가크롬: B지역 2: 12mg/kg	
	6가크롬: A지역: 10mg/kg	토양오염대책기준
	6가크롬: B지역: 30mg/kg	
대기환경 보전법	크롬 및 그 화합물 모든 배출시설. 크롬 화합물 1.0mg/sm³이하	대기오염물질 특정대기유해물질 배출허용기준
수질환경 보전법	크롬 및 그 화합물	수질오염물질 특정수질유해물질 오염물질배출허용기준 방수류 수질기준
	6가크롬 화합물	
	구분: 총Cr, Cr^{6+}(mg/L)	
	청정: 0.5 이하 0.1 이하	
	A. B: 2 이하 0.5 이하	
	특례: 2 이하 0.5 이하	
	총크롬: 2mg/L 이하	
수도법	6가크롬: 0.05mg/L 이하	음용수 수질기준
먹는 물 관리법	6가크롬: 0.05mg/L 이하	먹는 물의 수질 기준 먹는 샘물의 수질 기준

지하수법	6가크롬	지하수 수질 기준
	생활용수: 0.05mg/L	
	농업용수: 0.05mg/L	
	공업용수: 0.10mg/L	
산업안전 보건법	중크롬산과 그 화합물 및 크롬산과 그 염크롬광 가공 공정(크롬산) TWA: 0.05mg/m³ 금속크롬⁺ 2가크롬 화합물	특정 화학물질 제2류 작업환경 유해물질의 허용농도 특수건강진단검사 참고값 혈중크롬: 3.0μg/dL미만 요중크롬: 50μg/L미만
	TWA 0.5mg/m³	
	3가크롬화합물⁺	
	6가크롬 수용성 화합물⁺	
	6가크롬 불용성 화합물⁺	
	TWA: 0.05mg/m³	

A지역: 지적법 제5조 제1항의 규정에 의한 밭, 논, 과수원, 목장용지

1. 원소별 유용광물 일람표(1)

	광물명	화학식	경도	비중	결정형
은 (Ag)	Argentite	Ag_2S	2.0~2.5	7.19~7.36	등축
	Pyrargyrite	Ag_3SbS_3	5.5	5.8	육방
	Native Silver	Ag	2.5~3	10~12	등축
알루미늄 (Al)	Alunite	$K_2O \cdot 3Al_2O_3 \cdot 4SiO_2 \cdot 6H_2O$	3.5~4.0	2.58~2.75	육방
	Bauxite	$Al_2O_3 \cdot 2H_2O$	2	2.55	비정
	Cryolite	$Al_2F_3 \cdot 3Na_2O$	2.5	3	단사
비소 (As)	자연비소	As	3.5	5.93	육방
	Arsenopyrite	$FeS_2 \cdot FeAs_2$	5.0~5.6	6.3	사방
	Orpiment	As_2S_3	1.5~2.0	3.5	사방
	Pealgar	AsS	2.0	3.4	단사
금 (Au)	Native Gold	Au	2.5~3.0	15~19.5	등축
	Sylvanite	$Au \cdot Ag \cdot Te_4$	1.5~2	7.9~8.3	단사
붕소 (B)	Boracite	$6MgO \cdot 8B_2O_3 \cdot MgCl_2$	4.5	2.97	등축
	Borax	$Na_2O \cdot 2B_2O_3 \cdot 10H_2O$	2~2.5	1.72	–
바리움 (Ba)	Baryte(Ba)	$BaSO_4$	2.5~3.5	4.5	사방
	Barytocalcite	$BaSO_4 \cdot BaCO_3$	4	3.6	단사
	Witherite	$BaCO_3$	3~3.75	4.3	사방
베륨(B)	Beryl(Be)	$3BeSiO_2 \cdot Al_2O_3 \cdot 3SiO_2$	7.5	2.7	육방
창연 (Bi)	Native Bismuth(Bi)	Bi	2~2.5	9.7~9.8	육방
	Bismuthinite	Bi_2S_3	2	6.4~6.6	사방
탄소 (C)	Graphite(C)	C	1~2	2	육방
	Diamond	C	10	3.52	등축

칼슘 (Ca)	Apatite(Ca)	$(CaF)Ca_4(PO_4)_3$	4~5	2.9~3.2	육방
	Fluorspar	CaF_2	4	3.1	등축
	Calcite	$CaCO_3$	3	2.6~2.7	육방
	Gypsum	$CaSO_4 \cdot 2H_2O$	2.0	2.33	단사
	Anhydrite	$CaSO_4$	3.0	2.9	사방
세륨(Ce)	Monazite(Ce)	$(Ce, La, Di)PO_4$	5.25	5	단사
코발트 (Co)	Cobaltite(Co)	$CoS \cdot CoAs_2$	5.5~6	6~7	등축
	Smaltite	$CoAs_2$	5.5	6.3~7.4	등축
구리 (Cu)	Azurite(Cu)	$2CuCO_3 \cdot Cu(OH)_2$	3.5	3.8	단사
	Bornite(Cu)	$3Cu_2S \cdot Fe_2S_3$	3	4.4~5.5	등축
	Chalcocite	Cu_2S	2.5~3	5.5~5.8	사방
	Chalcopyrite	$CuFeSi$	3.5~4.0	4.1~4.3	정방
	Chrysocolla	$CuO \cdot SiO_2 \cdot 2H_2O$	2.4~4.0	2.0~2.3	포도상
	Cuprite	Cu_2O	3.5~4.0	5.7~6.15	등축
	Malachite	$CuCO_3 \cdot Cu(OH)_2$	3.5~4.0	3.7~6.15	단사
	Tetrahedrite	$4Cu_2S \cdot Sb_2S_3$	3.0~4.5	4.5~5.1	등축
	Covellite	CuS	1.5~2	4.6	육방
철 (Fe)	Magnetite(Fe)	Fe_3O_4	5.5~6.5	4.9~5.2	등축
	Hematite	Fe_2O_3	5.5~6.5	5.2	육방
	Limonite	$2Fe_2O_3 \cdot 3H_2O$	1~5.5	3.4~4	비정질
	Siderite	Fe_2CO_3	3.5~4.5	3.7~3.9	육방
	Marcasite	FeS_2	6	4.7	사방
수은 (Hg)	Native Mercury(Hg)	Hg	액상	13.6	
	Cinnabar	HgS	2~2.5	4.7~4.8	육방
망간 (Mn)	Psilomelane(Mn)	$MnO_2 \cdot MnO \cdot H_2O$	5~6	4~4.5	비정질
	Pyrolusite	MnO_2	2~2.5	4.7~4.8	침방
	Manganite	$Mn_2O_3 \cdot H_2O$	3~3.5	4.4	침방
	Rhodochrosite	$MnCO_3$	3.5~4.5	3.4~3.6	육방
몰리브덴 (Mo)	Molybdenite(Mo)	MoS_2	1~1.5	4.8	육방
	Wulfenite	$MoPbO_4$	2.75~3	6.03~7	정방
니켈 (Ni)	Niccolite(Ni)	$NiAs$	5.5	7.4~7.7	육방
	Pentlandite	$(Fe, Ni)S$	3.5~4	4.5~5	등축
	Millerite	NiS	3.5	5~6	육방
	Garnierite	Ni, Mg의 규산염	2~3	2.3~2.8	
납 (Pb)	Galena(Pb)	PbS	2.5	7.3~7.6	등축
	Anglesite	$PbSO_4$	2.7~3.0	6.1~6.3	사방
	Cerussite	$PbCO_3$	3~3.5	6.4~6.5	사방

유황	Pyrite(S)	FeS_2	6.5	5	등축
(S)	Pyrrhotite	Fe_2S_{12}	4	4.6	육방
스티비늄(Sb)	Stibnite(Sb)	Sb_2S_3	2	4.5~4.6	
스탄늄(Sn)	Cassiterite(Sn)	SnO_2	6~7	6.8~7	정방
세륨	Celestine(Sr)	$SrSO_4$	3~3.5	3.9	사방
(Sr)	Strontianite	$SrCO_3$	3.5~4	3.7	사방
탄탈늄(Ta)	Tantalite(Ta)	$FeTa_2O_6$	6	6	등축
티타늄	Ilmenite(Ti)	$TiO_2 \cdot FeO$	5~6	4.5~5	육방
(Ti)	Rutile	TiO_2	6.5	4	정방
	Wolframite(W)	$(Fe, Mn)WO_4$	5~5.5	7.2~7.5	단사
텅크스텐	Scheelite	$CaWO_4$	4~4.5	5.9~6.2	정방
(W)	Ferberite	$FeWO_4$	4~4.5	7	단사
	Hubnorite	$MnWO_4$	5~5.5	7.2~7.5	단사
아연	Zincblende(Zn)	ZnS	3.5~4.0	3.9~4.2	등축
(Zn)	Smithsonite	$ZnCO_3$	5	4.0~4.5	육방
	Zincite	ZnO	4.0~4.5	5.4~5.7	육방
게르마늄	Germanite	$10Cu_2S \cdot 4GeS_2 \cdot As_2S_2$	3.5	4	등축
(Ge)	Argyrodite	$4Ag_2S \cdot GeS_2$	3	3.5	등축

2. SI (Le Systéme International d'Unités, 국제 단위 체계)

① SI 단위와 병행되는 상용단위

구분	내용		
길이	해리(海里)		= 1,852m
	옴스트롬	Å	= 0.1nm
			= 10^{-10}m
속력	노트=해리매시		= (1852/3600)m/s
넓이	아르	a	= $dam^2 = 10^2m^2$
	헥타르	ha	= $hm^2 = 10^4m^2$
	반	b	= $100fm^2 = 10^{-28}m^2$

압력	바	bar	$= 0.1M\,Pa$
			$= 10^5\,Pa$
	표준대기압	atm	$= 101325\,Pa$
가속도	갈	Gal	$= 1cm/s^2$
			$= 10^{-2}\,m/s^2$
방사능	퀴리	Ci	$= 3.7 \times 10^{10}\,s^{-1}$
조사선량	레트겐	R	$= 2.58 \times 10^{-4}$ C/kg
흡수선량	레드	rd	$= 10^{-2}\,J/kg$

② SI 조립단위의 고유명칭

일반 명칭	기호	기원		단위
에너지	J	줄(Joule)	N·m	$m^2 \cdot kg \cdot s^{-2}$
힘	N	뉴턴(Newton)		$m \cdot kg \cdot s^{-2}$
압력	Pa	파스칼(Pascal)	N/m^2	$m^{-1} \cdot kg \cdot s^{-2}$
주파수	Hz	헤르쯔(Hertz)		s^{-1}
일률, 복사선속	W	와트(Watt)	J/s	$m^2 \cdot kg \cdot s^{-3}$
전기량	C	쿨롬(Coulomb)	A·S	$s \cdot A$
전압	V	볼트(Volt)	W/A	$m^2 \cdot kg \cdot s^{-3} \cdot A^{-1}$
정전기 용량	F	패럿(Farad)	C/A	$m^{-2} \cdot kg^{-1} \cdot s^4 A^2$
전기 저항	Ω	옴(Ohm)	V/A	$m^2 \cdot kg \cdot s^{-3} \cdot A^{-2}$
전도율	S	시멘스(Simenth)	A/V	$m^{-2} \cdot kg^{-1} \cdot s^3 \cdot A^2$
자기력선속	Wb	웨버(Weber)	V·s	$m^2 \cdot kg \cdot s^{-2} \cdot A^{-1}$
자기력선속밀도	T	테스라(Tesla)	Wb/m^2	$kg \cdot s^{-2} \cdot A^{-1}$
유도계수	H	헨리(Henry)	Wb/A	$m^2 \cdot kg \cdot s^{-2} \cdot A^{-2}$
광속	lm	루멘(Lumen)		$cd \cdot sr$
조명도	lx	룩스(Lux)	lm/m^2	$m^{-2} \cdot cd \cdot sr$
흡수량	Gy	그레이(gray)	J/kg	$m^2 \cdot s^{-2}$
촉매력	Kat	카탈(katal)		$mol \cdot s^{-1}$
각도	rad	래디안(angle)		$m \cdot m^{-1}$
고형체각	Sr	스테라디안(steradian)		$m^2 \cdot m^{-2}$

H(hour), d(day), m(minute), L(liter), t(ton), K(켈빈): 열역학적 온도,
cd(칸데라): 광도, mol(몰): 물질의 양, k(킬로): 거리

③ SI와 전환 상용단위(Conversion Factors)

구분	내용
질량(Mass)	1 pound (lb) = 0.454 kg
	1 lbm = 16 oz(ounce) = 7000 grains
	1 ounce (oz) = 28.3 g
	1 Carat = 2 x 10^{-4}kg = 200 milligrams
	1 troy ounce = 31.7 kg
	1 short ton = 907 kg
	1 ton(metric) = 1000 kg
비중(Specific gravity)	1 lb/ft^3 = 16.0kg/m^3
	1 lb/in^3 = 27.7 t/m^3 = 27.7 g/cm^3
	1 lb/gal = 1.198264 x 10^2kg/m^3
	Density of dry air at 0^{0}C, 760mmHg = 22.414m^3
중력(Force)	1 kp (kgf) = 9.81 N
	1 lbf = 4.45 N
	1 N = 1kg · m/s^2
	1 dyne = 1g · cm/s^2 = 10^{-5}kg·m/s^2
에너지(Energy)	1 kWh = 3.60 MJ
	1 Btu = 252.16 Cal
	1 kcal = 4.19 kJ
	1 Btu = 1.06kJ = 1055J
	1 J = 1 N·m = 1kg · m^2/s^2
	1 Kwh = 3.6 x 10^3 KJ
힘(Power)	1 kcal/h = 1.16 W
	1 hp = 746 W(US)
	1 hp = 736 W(metric) = 550ft · lbf/s
	1 W = 14.34 cal/min = 1 J/s
	1 Btu/hr = 0.29307 W
	1 hp = 0.7068 Btu/s
압력(Pressure)	1 bar = 14.5 psi = 100 kPa
	1 psi = 6.895 kpa x 10^3 N/m^2
	1 Pa = 1N/m^2
	1 mmHg(0^{0}C) = 1.333 x 10^2N/m^2
	1 kp/cm^2 = 98.1 kPa
	1 atm = 760 torr = 101 kPa = 29.921 in Hg at 0^{0}C

압력(Pressure)	1 atm = 3 3.90ft H^{2}O at 4^{0}C
	1 atm = 1.01325 bars
	1 atm = 14.696psi = 1.01325 x 10^{5}N/m^2
	1 atm = 760mm Ag at 0^{0}C = 1.01325 x 10^{5}Pa
	1 lbf/in^2(psi) = 6.89 kPa = 0.07031 kp/cm^2
온도(Temperature)	^{0}C = F -32/1.8 = (F-32) x 5/9
	^{0}F = C x 1.8 + 32
비열(Specific heat)	1 Btu/lb^{0}F = 4.1865 J/g · K
	1 Btu/lb·^{0}F = 1cal/g·^{0}C
열전도 (Thermal conductivity)	1 Btu/hr · ft·^{2}·^{0}F = 1.731W/m · K
	1 Btu · in./ft^2·hr^{0}F = 1.44 x 10^{2}W/m · K
	1 N · s/m^2 = 1 Pa · s
	1 kg/m · s = 1 Pa · s
염력(捻力,Torque)	1 ft.lb = 1.356 Nm
단면적(Unit Area)	1 sq.ft/t/24h = 2.23 m^2/(th)
여과용량 (Filteraion capacity)	1 lb/min/sq.ft = 293 kg/(m^{2}h)
	1 lb/h/sq.ft = 4.882 kg(m^{2}h)
표면하중 (Surface load)	1 usgpd/sq.ft = 1.698 x 10^{-3}m^3/(m^{2}h)
	1 usgph/sq.ft = 0.041 m^3/(m^{2}h)
	1 usgpm/sq.ft = 2.44 m^3/(m^{2}h)
	1 cfm/h/sq.ft = 0.3048 m^3/(m^{2}h)
유동(Flow)	1 usgpm = 0.23 m^3/h
속도(Velocity)	1 fpm = 18.288 m/h
	ppm = parts per million = mg/l
	ppb = parts per billion = mg/m^3
	SS = suspended solids
	TS = total solids(incl. dissolved area)
	1 square inch = 645 mm^2 6.45cm^2
	1 square foot = 0.0929 m^2 = 929cm^2
중력가속도	g = 9.80665 m/s^2
	g = 980.665 cm/s^2
	g = 32.174 ft/s^2
	1ft/s^2 = 0.304799 m/s^2